Künstliche Verwandlung der Elemente

(Zertrümmerung der Atome)

Von

Dr. Hans Pettersson
in Göteborg (Schweden)

Mit 59 Figuren im Text

Aus dem Schwedischen übersetzt
von
Elisabeth Kirsch

Berlin und Leipzig 1929
WALTER DE GRUYTER & CO.
vormals G. J. Göschen'sche Verlagshandlung - J. Guttentag, Verlagsbuchhandlung - Georg Reimer - Karl J. Trübner - Veit & Comp.

Druck von Metzger & Wittig in Leipzig

Meinem Freund und Mitarbeiter

Dr. GERHARD KIRSCH

in Wien

widme ich die erste deutsche Auflage
dieser Arbeit

Der Verfasser

Vorwort.

Durch die Forschungsarbeit eines ganzen Jahrhunderts wurde die von der antiken Philosophie übernommene Vorstellung von unteilbaren *Atomen* als kleinsten Bausteinen der Materie zu einer großartigen Theorie entwickelt, welche die ganze Physik und Chemie beherrscht. Schließlich gab die Entdeckung der radioaktiven Erscheinungen die überzeugendsten Beweise für die körperliche Realität dieser Bausteine, indem die Wirkungen einzelner Atome dem menschlichen Auge oder Ohr direkt beobachtbar gemacht wurden. Gleichzeitig, oder sogar schon früher, fing die Forschung an in das Innere des Atoms selbst einzudringen und zwar mit Hilfe von Untersuchungsmitteln, die Lenard in den schnell fliegenden Kathodenteilchen, Rutherford in den Alphateilchen aus den radioaktiven Stoffen gefunden hatte. Ein früher ungeahnter Mikrokosmos im Innern des Atoms selbst wurde allmählich enthüllt. Das Innere des Atoms ist im großen und ganzen ein leerer Raum in dem einzelne, negative elektrische Ladung tragende Teilchen, Elektronen, das Zentrum des Systems, den Atomkern, wie eine Sonne im Mikrokosmos planetenähnlich umkreisen. Diese Anschauung, zu welcher die Forschungen der letzten zwanzig Jahre führten, beherrscht heute unsere Vorstellungen über die innerste Struktur der Materie.

Einzigdastehenden theoretischen Untersuchungsarbeiten von Bohr, Sommerfeld und deren Schulen ist es zu verdanken, daß die Gesetze, welche die Bewegungen der Planet-Elektronen um den Atomkern bestimmen, und die Art der Licht- und Röntgenstrahlen, welche dabei ausgesendet werden, im wesentlichen klargelegt sind.

Hinter den Problemen, welche die Struktur der Atome betreffen, und deren Lösung uns fast greifbar nahe erscheint, öffnet sich eine Reihe neuer Rätsel, den Atom*kern* und dessen Struktur betreffend, worüber wir zur Zeit beinahe gar nichts Bestimmtes aussagen können. Aber schon liegen Tatsachen vor, welche beweisen, wie ungeheuer große Kräfte in der nächsten Umgebung des Atomkerns vorkommen, und wie gigantisch die Energievorräte sind, die in diesem winzig kleinen Gebilde schlummern. Bei den radioaktiven Vorgängen, die ihrem Wesen nach in einem explosionsartigen Zerfall der Atomkerne bestehen, kommen diese Energievorräte teilweise in der kinetischen Energie von Atomfragmenten zum Vorschein, welch letztere mit einer Geschwindigkeit von Zehntausenden von Kilometern die sterbenden Atome verlassen.

Bei der *Atomzertrümmerung* werden diese Geschosse der Atomwelt gegen ihresgleichen, d. h. gegen andere Atome gerichtet, und man konnte dadurch die gewaltsame Zertrümmerung der Atomkerne anderer inaktiver Grundstoffe erreichen. Diese Methode, welche zuerst von dem Meister der experimentellen Atomforschung, Sir Ernest Rutherford, verwendet wurde, ist die einzige, durch welche bisher der Traum der alten Alchimie von einer Verwandlung der chemischen Elemente, einer „Transmutation", verwirklicht werden konnte. Ob daraus eine Möglichkeit der Elementverwandlung im großen entwickelt werden kann, wird die Zukunft zeigen. In welcher Richtung sich aber die künftige Arbeit auf diesem für die chemischen und physikalischen Wissenschaften gemeinsamen Gebiet der Kernforschung entwickeln wird, darf man mit Sicherheit voraussagen, daß sie fur die Forschung kommender Jahrzehnte eine ebenso zentrale Rolle spielen wird, wie die Erforschung der Atomhülle in der unmittelbaren Vergangenheit.

In vorliegendem Buch wird zum erstenmal ein Versuch gemacht, die bisherigen Ergebnisse der Atomzertrümmerung, ihre Hilfsmittel und ihre nächsten Ziele einem größeren Publikum verständlich zu machen. Bis jetzt wurde die Arbeit auf diesem Gebiet fast ausschließlich in Cambridge von Sir Ernest Rutherford und dessen Mitarbeitern und in Wien im Institut für Radiumforschung und den damit in engster Zusammenarbeit stehenden physikalischen Instituten der Universität ausgeführt. In den letzterwähnten Forschungsstätten wurden diese Untersuchungen vom Verfasser in Zusammenarbeit mit Dr. Gerhard Kirsch im Jahre 1922 angefangen. Im Laufe der Jahre hat sich eine Schar von anderen jungen Forschern an diesen Untersuchungen beteiligt. Daß die beiderseits gewonnenen Resultate nicht immer in Übereinstimmung gebracht werden konnten, wird aus der folgenden Darstellung hervorgehen. Es ist dies ein Beweis für die äußerst großen Schwierigkeiten, mit denen das Vordringen auf diesem neuen Forschungsgebiet verbunden ist.

Die im letzten abschließenden Kapitel dieses Buches entwickelten, äußerst kühnen Hypothesen über die Umwandlungen der Materie im Innern der Sterne kann der Verfasser selbst nicht ohne Bedenken annehmen. Wer sich damit näher vertraut machen will, wird auf die meisterhafte Darstellung des berühmten englischen Astrophysikers Eddington in seiner populärwissenschaftlichen Arbeit „Sterne und Atome" hingewiesen.

Es ist mir eine angenehme Pflicht, hier meiner großen Dankbarkeit zu gedenken, welche ich meinen Mitarbeitern in Wien und den Leitern der Wiener Institute für die in entgegenkommendster Weise zur Verfügung gestellten Hilfsmittel, schulde. Die finanzielle Unterstützung, welche diese Forschungen ermöglichte, verdanken wir der Freigebigkeit von Instituten und Privatpersonen in Schweden, Österreich und den Vereinigten Staaten von Nordamerika. Verschiedene deutsche und österreichische Firmen haben uns bei Beschaffung von Untersuchungsmitteln kräftig unterstützt. Schließlich spreche ich dem Verleger meinen Dank aus für die sorgfältige Ausstattung des Buches.

Wien im Juni 1928.

Inhaltsverzeichnis.

Einleitung.

Die Wissenschaft hat uns gelehrt, dem Zeugnis unserer Sinne zu mißtrauen. Ein Stückchen geschliffener Kristall, an welchem wir mit dem stärksten Mikroskop nicht die geringste Ungleichförmigkeit entdecken können, dessen Materie uns als ein unendlich teilbarer, absolut lückenloser Stoff, „ein Kontinuum", erscheint, ist in Wirklichkeit aus unzählbaren kleinen Teilchen aufgebaut, besteht aus Atomen, die in ewiger Unruhe, in einer sehr schnellen Bewegung begriffen sind, für uns als Wärme wahrnehmbar. Daß die Materie in Wirklichkeit aus Atomen besteht und lückenhaft ist, lehrte schon fast ein halbes Jahrtausend vor Beginn unserer Zeitrechnung der alte Demokrit von Abdera, und die chemische und physikalische Forschung eines ganzen Jahrhunderts bestätigte die Richtigkeit dieser mit genialer Intuition aufgestellten Behauptung.

Die Chemie des 18. Jahrhunderts lehrte uns, eine gewisse begrenzte Anzahl von Atomarten zu unterscheiden, welche etwa 80 Grundstoffen oder Elementen angehören[1]), die sich durch kein Mittel in noch einfachere Stoffe zerlegen lassen; auch konnte man die relativen Gewichtsverhältnisse dieser Atomarten feststellen, indem man bestimmte, in welchen Mengen sie sich miteinander chemisch verbinden. Die dabei entstehenden Atomkomplexe (auch die Atome der Grundstoffe sind in der Regel zu zweien oder auch mehreren zusammengefügt) heißen „Moleküle" und ihre Bewegungen, ihre Zahl, ihre Dimensionen, gegenseitigen Abstände und Wechselwirkungen zu studieren, war früher eine der Hauptaufgaben der Physik. Durch solche Untersuchungen wissen wir jetzt, daß z. B. ein Wassertropfen von zwei Millimeter Durchmesser eine Anzahl Sauerstoffatome enthält, welche durch eine 21-stellige Zahl ausgedrückt wird (140000000000000000000) und dazu noch doppelt soviel Wasserstoffatome. Denkt man sich den Wassertropfen so stark vergrößert, daß er dem Erdball gleich wird, so bekämen seine Atome zwischen 1 und 2 Meter im Durchmesser. Die Wassermoleküle des Tropfens, die aus je zwei Wasserstoffatomen

[1]) Nunmehr 92, von denen allerdings zwei noch nicht entdeckt sind.

und einem Sauerstoffatom bestehen, bewegen sich unaufhörlich im Zickzack, unter fortwährenden Zusammenstößen mit Nachbarmolekülen, und zwar bei Zimmertemperatur mit einer Durchschnittsgeschwindigkeit von über 600 m in der Sekunde, also der Mündungsgeschwindigkeit einer Gewehrkugel. Von diesem Chaos der durcheinanderwirbelnden Trillionen von Molekülen in dem scheinbar so ruhigen kristallklaren Tropfen gibt unser Auge keine Vorstellung.

Jahrzehnte hindurch war das Atom sozusagen das letzte Forschungsobjekt. Alle Erfahrungen der Chemiker zeigten, daß es wirklich, wie das griechische Wort ἄτομος besagt, unteilbar ist, da jeder Versuch, die Elemente zu verwandeln oder zu zerlegen, was nur durch Spaltung ihrer Atome geschehen könnte, scheiterte. Die tastenden Bemühungen früherer Jahrhunderte hatten als Hauptziel die Verwandlung oder „Transmutation" unedler Metalle in Gold. Dieser alte Traum der Alchimie war, den Erfahrungen der modernen Chemie zufolge, eben nur ein Traum, der nie in Erfüllung gehen konnte — die Unteilbarkeit und Ewigkeit der Atome wurde beinahe zu einem Dogma eines ganzen Forschungsjahrhunderts. Wir werden bald sehen, wie dieses Dogma um die letzte Jahrhundertwende umgestoßen wurde.

Inzwischen hatten schon viel früher optische Versuche bewiesen, daß die Atome jedenfalls nicht als strukturlose, kugelförmige Gebilde einer kompakten, vollkommen elastischen Urmaterie aufzufassen sind (eine Art Billardkugel im kleinen), wie man früher zu glauben geneigt war. Die in der Mitte des Jahrhunderts entdeckte Spektralanalyse hatte gezeigt, daß von jeder Atomart gewisse charakteristische Lichtschwingungen ausgehen. Diese werden, nach Zerlegung des Lichts zu einem Spektrum, als Spektrallinien wahrnehmbar und können zur Erkennung des in Frage kommenden Elementes dienen, selbst wenn ihre Atome mit einer überwiegenden Anzahl andersartiger Atome vermischt sind. Man könnte also gewissermaßen die Atome mit Musikinstrumenten vergleichen, da sie im Stande sind, gewisse „optische Töne" hervorzubringen, oder, um ein aktuelles Bild zu benützen, sie sind Radiostationen im kleinen, welche gewisse, scharf abgestimmte Wellenlängen aussenden, allerdings millionenmal kürzer als die der Rundfunkstationen. Es muß demnach in den Atomen Systeme geben, welche im Stande sind, in demselben Rhythmus zu vibrieren wie die ausgesendeten Schwingungen, „das Instrument muß Saiten haben". Im Hinblick auf das Funkenspektrum des Eisens mit seinen Tausenden von Linien konnte der große Spektralphysiker Rowland sagen, daß ein Eisenatom, nach seinen optischen Klangmöglichkeiten zu urteilen, viel komplizierter gebaut sein dürfte als ein Konzertflügel!

Was in den Atomen schwingt und den Saiten eines Instrumentes entspricht, lernte man erst in den letzten Jahrzehnten des vorigen

Jahrhunderts kennen. Der Engländer Crookes fand 1879, daß beim Durchgang eines elektrischen Stromes durch sehr verdünnte Gase von dem negativen Pole, der Kathode, etwas ausströmt, was er „strahlende Materie“ nannte — ein Strom von äußerst schnellen Teilchen, welche negative elektrische Ladung tragen. Diese Kathodenteilchen konnten durch elektrische und magnetische Kräfte aus ihrer sonst geradlinigen Bahn abgelenkt werden. Dadurch wurde es möglich, das Verhältnis ihrer trägen, der ablenkenden Kraft sich widersetzenden Masse zur elektrischen Ladung, welche die Ablenkung begünstigt, zu bestimmen. Es ergab sich das überraschende Resultat, daß dieses Verhältnis beinahe 2000 mal kleiner ist, als das entsprechende für das elektrisch geladene Wasserstoffatom, das bis dahin als das leichteste Teilchen galt.

Fig. 1. Sir William Crookes.

Nachdem weitere Untersuchungen ergeben hatten, daß die Ladung des Kathodenteilchens mit der des Wasserstoffions identisch ist, wurde der Schluß unvermeidlich, daß die Masse des Kathodenteilchens beinahe 2000, genauer 1844 mal, kleiner ist als die des Wasserstoffatoms.

Tatsächlich hatte man hier einen neuen Bestandteil der Materie gefunden, viel leichter als die Atome, und weitere Beobachtungen zeigten, daß dieser Bestandteil *universell* ist. Gleichgültig, welches Gas das Entladungsrohr auch enthält und unabhängig vom Material der Polplatten, haben die hinausgeschleuderten Teilchen immer dieselbe Masse und Ladung, nur ihre Geschwindigkeit wächst mit der Stärke der sie vorwärtstreibenden elektrischen Kraft. Die Kathodenteilchen oder *Elektronen*, wie sie nachher mit einem zusammenfassenden Namen genannt wurden, sind Bestandteile *aller* Materie, müssen also zu den Atomen selbst gehören und ihre kleinsten Bausteine sein. Volle Gewißheit darüber erhielt man, als es dem Holländer Zeeman gelang, das Licht glühender Körper in äußerst starken Magnetfeldern zu zerlegen, wobei die Spektrallinien in zwei oder mehrere Komponenten aufgespalten wurden. Diese Spaltung ließ sich auf die ablenkende Wirkung, welches das Magnetfeld auf die in den lichtaussendenden Atomen schwingenden Teilchen ausübte, zurückführen. Die dadurch ermöglichte Berechnung ihrer Ladung und Masse ergab dieselben Werte wie für die als Kathodenstrahlen frei fliegenden Elektronen. Demnach sind also die Elektronen, welche normalerweise an ein Atom gebunden sind, die „Saiten des Instruments" und ihre Schwingungen verursachen die Signale dieser Radiostationen im kleinen, d. h. das Licht, welches sie aussenden.

Fig. 2. Wilhelm Konrad Röntgen.

Die Elektronen üben aber erfahrungsgemäß noch eine weitere Funktion, und zwar die als Bausteine der Elektrizität aus. Es ließ sich nämlich berechnen, daß einer äußerst zusammengedrängten Elektrizitätsmenge, welche gleich der Ladung des Elektrons ist, dieselbe träge Masse und derselbe Widerstand gegen ablenkende Kräfte zukommt, wie sie das Elektron tatsächlich besitzt. Damit müßte die Masse des Elektrons ganz und gar auf seiner elektrischen Ladung beruhen, elektromagnetischer Art sein, und das Elektron wäre eigentlich als ein Teilchen, oder, wenn man will, als ein „Atom" der negativen Elektrizität anzusehen.

Ein Bestandteil der Atome ist also negative Elektrizität, auf Einheitsladungen (Elektronen) verteilt, der Rest des Atoms muß positiv geladen sein, damit das ganze Atom nach außen hin elektrisch neutral wirkt, wie es normalerweise der Fall ist.

Wie ist dann die positive Elektrizität im Atom und wie ist seine Masse, zu welcher die Elektronen nur im geringsten Grade beitragen, untergebracht? Diese Frage wurde zum Hauptproblem während mehrerer Jahrzehnte der Erforschung der Materie und die nunmehr als richtig angesehene Antwort brachte uns erst der Anfang des neuen Jahrhunderts.

Kurz vor der Jahrhundertwende wurden zwei Entdeckungen gemacht, welche äußerst wichtige, zum Teil umwälzende Folgen für unsere Auffassung vom Bau der Atome bedeuteten: Röntgens Entdeckung der nach ihm benannten Strahlen und Becquerels Entdeckung des ersten jener Phänomene, die wir nun unter der Bezeichnung Radioaktivität zusammenfassen.

Röntgen fand (1895), von einem Zufall begünstigt, daß von den Wänden eines Entladungsrohres, genauer, von der Auftreffstelle der Kathodenteilchen, Strahlen ausgehen, die dem Auge unsichtbar sind, aber ebenso wie das Licht photographische Platten schwärzen und dabei vollkommen undurchsichtige Gegenstände durchdringen können. Die Natur der Röntgenstrahlen blieb lange umstritten, erst nach beinahe zwei Jahrzehnten wurde der endgültige Beweis erbracht, daß sie Wellenbewegungen, denen des Lichts verwandt, sind, aber von viel kürzerer Wellenlänge. Sie sind sozusagen die höchsten Diskanttöne in dem gewaltigen Register der elektromagnetischen Wellen, welches sich von den kilometerlangen Baßtönen der großen Radiostationen über dem Zwischenregister der dunklen Wärmestrahlen und des Lichts zu den hohen Tönen der ultravioletten, chemisch wirksamen Wellen erstreckt. Das Studium der Röntgenstrahlen und das Vermögen der verschiedenen Grundstoffe, solche Strahlen auszusenden, trug viel zur Erforschung der Struktur der Atome bei und ermöglichte außerdem eine neue Spektralanalyse, welche in vieler Hinsicht derjenigen von Kirchhoff und Bunsen überlegen ist.

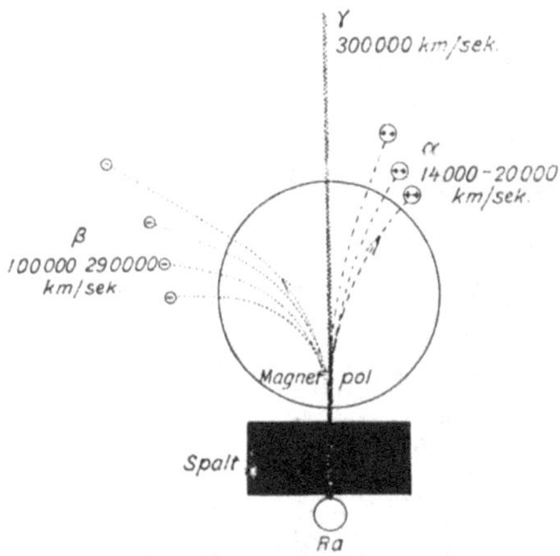

Fig. 3. Einwirkung eines Magnetfeldes auf α-, β- und γ-Strahlen.

Becquerel entdeckte (1896), ebenfalls durch einen Zufall, eine Strahlung, welche von der schwersten aller Atomarten, dem Element Uran, ausgeht. Er fand, daß diese ähnlich den Röntgenstrahlen verschiedene Stoffe durchdringen und photographische Platten angreifen können. Weitere Untersuchungen zeigten, daß die Strahlung aus drei verschiedenen Komponenten zusammengesetzt ist, von welchen eine den Röntgenstrahlen sehr ähnelt, aber noch größeres Durchdringungsvermögen als diese besitzt, die zweite, den Kathodenstrahlen verwandt, aber durchdringender als diese ist, während die dritte Komponente kaum mit einer schon früher bekannten Strahlenart verglichen werden kann, und noch am ehesten an die Atomionen erinnert, die im Entladungsrohr, in entgegengesetzter Richtung wie die Kathodenstrahlen strömen.

In umgekehrter Reihenfolge, wie hier erwähnt, wurden die neuen Strahlungsarten mit den drei ersten Buchstaben des griechischen Alphabets, Alpha-, Beta- und Gammastrahlung bezeichnet. Das schematische Bild, welches öfters zur Charakterisierung dieser Strahlen angeführt wird und welches deren Verhalten einem starken Magnetfeld gegenüber zeigt, mag auch hier wiedergegeben werden (siehe Fig. 3).

Die Alphastrahlen werden, obzwar nur wenig, in eine Richtung abgelenkt, welche anzeigt, daß sie aus schnellen, mit positiver Elektrizität geladenen Partikeln bestehen. Die Betastrahlen werden viel stärker in entgegengesetzter Richtung abgelenkt, woraus man schließen muß, daß diese Teilchen negative Ladung tragen und viel geringere Masse besitzen, also mit Elektronen identisch sind. Schließlich bleiben die Gammastrahlen ganz unbeeinflußt in ihrem geradlinigen Verlauf genau wie Licht und Röntgenstrahlen.

Fig. 4. Marie Curie.

Eine genaue Kenntnis dieser Strahlen und ihrer Eigenschaften verdanken wir allerdings erst dem Ehepaar Curie, dem es (1898) gelang, aus dem in der Natur vorkommenden Uranmineral (Pechblende) kleine Mengen des berühmt gewordenen Elementes Radium zu isolieren, dessen „Aktivität" oder Vermögen, die neuen Strahlungsarten auszusenden, millionenmal die des Urans übertrifft. Als Forschungsmittel mußten die photographischen Platten bald vor den weit empfindlicheren elektrischen Methoden zurücktreten, die darauf beruhen, daß alle drei Arten von Strahlen, wenn auch in sehr verschiedenem Grade, Luft und andere Gase vorübergehend elektrisch leitend machen. Die Ursache hiervon ist, daß aus einem durchstrahlten Atom ein Elektron losgerissen wird, wobei ein positiv geladenes Atomion zurückbleibt. Die mit Elektrizität beiderlei Vorzeichens geladenen Teilchen, die +- und —-Ionen besorgen dann den Durchgang der Elektrizität durch das „ionisierte" Gas.

Das Studium der radioaktiven Erscheinungen, welches mehr als drei Jahrzehnte lang betrieben wird, brachte eine Fülle neuer und ungeahnter Phänomene, deren Deutung zu einer gänzlich veränderten

Auffassung des Atombaues führte. Es enthüllte uns ferner das Vorhandensein eines im Innersten der Atome verborgenen Energievorrates, der ungeheuer viel größer ist als derjenige der energiereichsten chemischen Verbindungen, und zeigte, daß die Bausteine, mit denen die Chemiker und Physiker ein Jahrhundert lang wie mit einem wohlbekannten, ungefährlichen Material gearbeitet hatten, unter gewissen Umständen als Explosivstoffe von unerhörter Gewalt auftreten können. Zuletzt, aber nicht zum geringsten, hat die nun allgemein angenommene Deutung der Radioaktivität gezeigt, daß der Satz von der Unteilbarkeit und Ewigkeit der Atome nicht gilt. Atome können geboren werden, Atome können aber auch sterben und das Gesetz der Vergänglichkeit gilt also auch für die aus solchen Atomen bestehenden Grundstoffe.

Das letzte Jahrzehnt brachte aber eine ganz neue Erkenntnis. Die radioaktiven Erscheinungen haben sich in der Hand des größten lebenden Atomforschers, Sir Ernest Rutherford, auch als ein Werkzeug erwiesen, mit dem die Verwandlung anderer, nicht freiwillig zerfallender Atome erzwungen werden kann. Die schnellen Alphateilchen können selbst den Kraftpanzer, der das Allerinnerste der Atome umgibt, durchschlagen, und den *Kern*, den Sitz ihrer Individualität, erreichen und zertrümmern, wobei Atomfragmente weggeschleudert werden, und eine neue Atomart entsteht. Von dieser erzwungenen Verwandlung der Grundstoffe durch Sprengung ihrer Atome, und von der Aussicht, welche sich dadurch für die Wissenschaft zu öffnen scheint, soll in dieser Arbeit berichtet werden.

Die Radioaktivität.

Geburt und Tod in der Welt der Atome.

Man ist geneigt zu glauben, daß Krankheit und Tod Leiden sind, die wohl uns Lebende treffen, jedoch die Welt der Atome verschonen. Zwar wissen wir, daß diese Bausteine des Weltalls miteinander Verbindungen eingehen können, die sich wieder auflösen, daß sie Molekeln aufbauen können, einfach wie die des Wassers, aus einem einzigen Sauerstoffatom und zwei Wasserstoffatomen, oder auch wunderbar kompliziert wie die Riesenkomplexe, welche die lebenden Organismen bilden, den Blumen Farbe und Duft verleihen und uns Menschen das Denken und Empfinden ermöglichen. Dagegen wurden die Atome selbst für ewige und unveränderliche Gebilde gehalten, die dem Gesetz der Vergänglichkeit nicht unterworfen sind.

Die Forschung der letzten dreißig Jahre raubte uns diese Illusion. Die Atome, wenigstens die der schwersten Grundstoffe, haben ein zeitlich beschränktes Dasein, ebenso wie wir selbst. Sie werden geboren, tragen aber von der Geburt an den Keim ihres Unterganges in sich und sterben nach Erfüllung der ihnen zugemessenen Zeitspanne eines gewaltsamen, jähen Todes. Ihr Hinscheiden ist eine Katastrophe im Mikrokosmos, ein explosionsartiger Zerfall, bei dem ein Bruchteil eines sterbenden Atoms mit einer derartig rasenden Geschwindigkeit ausgeschleudert wird, daß er hunderttausend andere, friedliche Atome durchbohren und in gewissen Fällen einen von ihnen zu Tode verwunden kann.

Das oben Gesagte bezieht sich auf die merkwürdige Gruppe von Erscheinungen, welche wir *radioaktiv* nennen und deren Entdeckung, mehr als irgendeine andere, eine neue Epoche in der Physik und der Chemie eingeleitet hat. Außerdem hat sie für eine Zahl benachbarter Disziplinen umwälzende Folgen gezeitigt und ließ uns vor allem tiefer in die Geheimnisse der toten Materie blicken, als man es vor dreißig Jahren für möglich gehalten hätte.

Becquerels Beobachtung der Uranstrahlung, welche zur Entdeckung der radioaktiven Phänomene und später zur Entdeckung des

Radiums durch das Ehepaar Curie führte, wurde in der Einleitung erwähnt. Was den Physiker an den neuen Erscheinungen am allermeisten überraschte, war der Umstand, daß die radioaktive Strahlung zunächst von keiner nachweisbaren Veränderung der strahlenden Substanz selbst begleitet erschien. Die der Strahlung entsprechende außerordentlich große Energieentwicklung, welche nicht nur mit dem Elektroskop und der photographischen Platte, sondern bei hochaktiven Präparaten sogar mit dem Thermometer nachweisbar war, schien im Widerspruch mit dem Energieprinzip selbst zu stehen. Dieses Fundamentalgesetz der theoretischen Physik besagt in Kürze: „Aus Nichts wird Nichts", d. h. eine Energieentwicklung kann nicht stattfinden, wenn nicht gleichzeitig Energie in irgendeiner anderen Form verbraucht wird. Eine solche Quelle der radioaktiven Strahlungsenergie konnte man anfangs nicht entdecken und man machte die phantastischsten Annahmen über eine unbekannte kosmische Strahlung, welche von den Atomen des radioaktiven Stoffes aufgesaugt und in dessen eigene Strahlung verwandelt wird. Die endgültige Lösung des Rätsels, die von den britischen Forschern Rutherford und Soddy gegeben wurde, war kaum weniger phantastisch. Die Energie, welche mit der Strahlung entweicht, stammt aus dem Innern der Atome und wird durch deren Umwandlung oder Zerfall freigemacht. Diese Energieentwicklung ist so riesig groß, daß nur eine äußerst geringe Zahl Atome in jeder Zeiteinheit zu zerfallen braucht, um eine merkbare Wirkung hervorzurufen.

Die radioaktiven Elemente unterliegen also einer allmählichen Verwandlung und ihre ursprüngliche Menge nimmt ständig ab. Die neugebildeten Atome, welche bei dem Zerfall entstehen, sind in der Regel selbst aktiv, d. h. sie senden Strahlen aus und bilden neue, ebenfalls aktive Umwandlungsprodukte. Die Folge davon ist, daß sich unter den Mitgliedern einer solchen Reihe zerfallender und ineinander übergehender Elemente früher oder später eine Art laufendes Gleichgewicht einstellt, charakterisiert dadurch, daß von jeder Atomart in der Reihe per Zeiteinheit gleich viele geboren werden als zerfallen. Voraussetzung für das Zustandekommen eines solchen „radioaktiven Gleichgewichts" ist allerdings, daß der Stammvater, das erste Element in der Reihe, genügend langsam zerfällt, um uns Beobachtern den Eindruck eines zeitlich unveränderlichen Prozesses zu geben.

Die radioaktiven Elemente gruppieren sich daher in Familien oder Dynastien, in denen die Radioaktivität als eine Art Familienkrankheit, erblich von Glied zu Glied, auftritt. Die Krankheit bleibt während der ganzen Lebenszeit der Atome latent und tritt erst im Augenblick des Zerfalles auf, aber dann mit einer solchen Gewalt, daß entweder ein größeres Bruchstück des Atoms — ein Alphateilchen, oder ein kleineres — ein Betateilchen, mit außerordentlicher Geschwindigkeit weggeschleudert wird. Gleichzeitig mit dem Ausschleudern eines Betapartikels wird auch ein Gammastrahl ausgesendet, welcher gewissermaßen mit einer den Schuß begleitenden Detonation, einem „Knall im Äther", verglichen werden kann.[1])

Die Alphateilchen sind selbst von Atomgröße und tragen eine positiv elektrische Ladung, doppelt so groß als die kleinste beobachtete Elektrizitätsmenge, die positive Ladung des Wasserstoffions oder die negative des Elektrons, oft ein „elektrisches Elementarquantum" genannt. Nach Verlust ihrer großen Geschwindigkeit, die

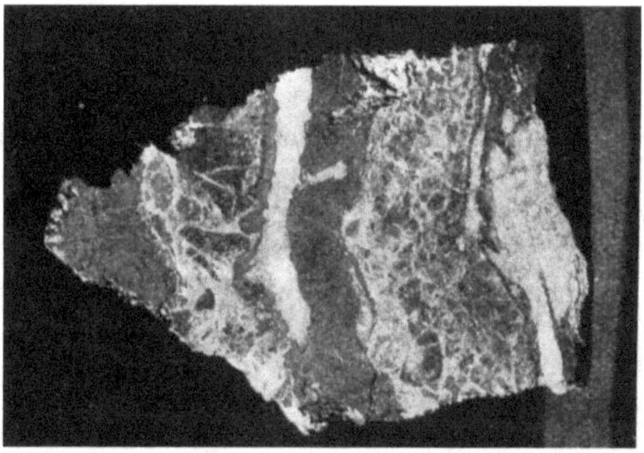

Fig. 5. Geschliffene Pechblende aus Joachimstal.

im Beginn ihrer Bahn mehr als 20000 km in der Sekunde betragen kann, wird ihre positive Ladung durch Einfangen zweier negativer Elektronen neutralisiert und sie werden Heliumatomen vollkommen gleich. Helium ist nach Wasserstoff das leichteste aller Elemente und gehört zu den in der Atmosphäre selten vorkommenden Edelgasen, welche nunmehr von der modernen Lichtreklame und Glühlampenindustrie vielfach verwertet werden. Nimmt man die Masse des Wasserstoffatoms und dessen elektrische Ladung im Ionenzustand als Einheit an, so wird die Masse des Alphateilchens gleich 4 und seine Ladung + 2. Die große Bewegungsenergie, welche der

[1]) Der Zerfall erinnert auch darin an einen Schuß, daß das zerfallende Atom selbst in eine schnelle Bewegung gerät und zwar als sogenanntes Rückstoßatom in entgegengesetzter Richtung wie das Atomfragment weggeschleudert wird.

hohen Geschwindigkeit und relativ bedeutenden Masse des Alphateilchens entspricht und welche sich in andere Energieformen umsetzt, wenn das Teilchen gebremst wird, bewirkt, daß diese Strahlenform zur Wärmeentwicklung der radioaktiven Elemente am meisten beiträgt.

Die Betateilchen wieder sind nichts anderes als Elektronen, die mit einer Geschwindigkeit weggeschleudert werden, welche diejenige der Kathodenteilchen bei weitem übertrifft. Die „härtesten" Betateilchen gewisser radioaktiver Elemente, bewegen sich nahezu mit Lichtgeschwindigkeit, d. i. 300000 km in der Sekunde.

Der radioaktive Zerfall kann auf zwei grundverschiedene Arten vor sich gehen: entweder, indem ein Alphateilchen weggeschleudert

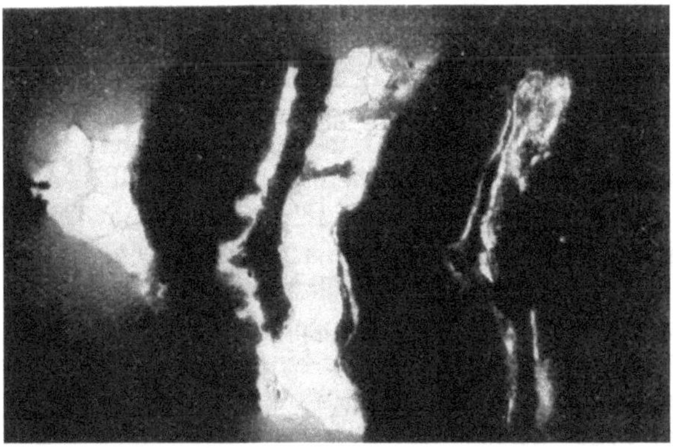

Fig. 6. Radiographie derselben Pechblende, direkte Einwirkung der radioaktiven Strahlen auf die photographische Platte.

wird, oder auch unter Verlust eines Betateilchens; von Gammastrahlen, welche eine sekundäre Erscheinung sind, können wir zunächst absehen. Im ersteren Falle wird die Masse des zerfallenden Atoms um die des wegfliegenden Alphateilchens, d. h. um vier Atomgewichtseinheiten verringert, und das neugeborene Atom ist infolgedessen um ebenso viele Einheiten leichter als sein Vorgänger. Im letzteren Falle ist die Veränderung des Atomgewichts, der geringen Masse des Elektrons entsprechend, unmerklich. Eine andere wichtige Eigenschaft des Atoms, auf die später näher eingegangen werden wird, ist die elektrische Ladung seines Kerns, welche auch durch den Zerfall verändert wird. Der Verlust eines Alphateilchens bringt mit sich, daß die Kernladung, welche immer positiv ist, um zwei Einheiten verringert wird, während das Ausscheiden eines Betateilchens eine Zunahme der positiven

Kernladung um eine Einheit zur Folge hat, da der Verlust einer Minusladung gleichbedeutend ist mit dem Gewinn einer Plusladung.

Außer durch die Art des herausgeschleuderten Atomfragmentes wird die radioaktive Verwandlung durch die Geschwindigkeit des Zerfalles charakterisiert. Ein gewöhnliches Maß hierfür ist die Zeit, welche verstreichen muß, bis die Hälfte einer gewissen Anzahl Atome zerfallen ist — die sogenannte *Halbierungszeit*. Nach Ablauf einer weiteren Halbierungszeit ist nur ein Viertel der ursprünglichen Menge vorhanden, nach einer dritten Halbierungszeit ein Achtel usw. Man kann dies auch so ausdrücken, daß von einer gegebenen Anzahl Atome in jeder Sekunde ein gewisser Bruchteil zerfällt, und diese, das Tempo des Zerfalls bestimmende Konstante ist für die Mitglieder derselben Dynastie sehr verschieden.

So zum Beispiel zerfallen von einer Billion Radiumatome in jeder Sekunde vierzehn und die dieser Zerfallsgeschwindigkeit entsprechende Halbierungszeit des Radiums beträgt ungefähr sechzehnhundert Jahre. Von einem Gramm Radium würde, von dem Beginn unserer Zeitrechnung an gerechnet, jetzt weniger als die Hälfte vorhanden sein. Der erste Abkömmling des Radiums, die Radiumemanation, auch Radon genannt, ist ein Edelgas und zwar das schwerste Element in jener Gruppe von Grundstoffen, deren leichtestes das Helium ist. Die Radiumemanation zerfällt ungefähr hundertfünfzigtausendmal schneller als das Radium, so daß von einer Million seiner Atome ungefähr zwei in jeder Sekunde verwandelt werden. Die Halbierungszeit beträgt somit knapp vier Tage.

Aber es gibt einen noch extremeren Fall. Der Stammvater des Radiums, das Uran, zerfällt millionenmal langsamer als das Radium, so daß eine gewisse Menge dieses Elementes viereinhalb Milliarden Jahre braucht, um zur Hälfte verwandelt zu werden. Andererseits zerfällt das vierte Zerfallsprodukt, von der Emanation ab gerechnet, das Radium C′, so schnell, daß die Halbierungszeit nur millionstel von Sekunden beträgt.

Ebenso wie bei uns Menschen schwankt auch in der Welt der Atome die Lebenszeit der Individuen innerhalb weiter Grenzen um einen statistischen Mittelwert.[1]) Somit gibt es Emanationsatome, welche schon innerhalb einer Sekunde nach dem Augenblick der Geburt zerfallen und andere, welche ihre gleichzeitig geborenen Kameraden um Wochen oder Monate überleben, aber diese sind ebenso selten wie bei uns die Hundertjährigen.

---

[1]) Das mittlere Alter, welches ein Radiumatom erreicht, beträgt 2280 Jahre, d. h. es übersteigt die Halbierungszeit um sieben Jahrhunderte.

Beinahe alle radioaktiven Stoffe gehören einer der beiden Dynastien an, deren Stammvater Uran bzw. Thorium ist. Eine dritte radioaktive Familie, welche früher als selbständig galt und nach dem bestbekannten Repräsentanten die Actiniumserie genannt wird, konnte durch spätere Versuche als Abzweigung der Uranreihe festgestellt werden. Eines der Glieder der letzteren, Uran II, zerfällt nämlich auf zweierlei Art. Drei Prozent seiner Atome verwandeln sich in Atome eines sehr rasch zerfallenden Stoffes, Uran Y genannt, und bei ihrem weiteren Zerfall entsteht das Protactinium, der Stammvater der Actiniumreihe, während die übrigen 97 % über das Element Ionium die Hauptlinie der Urandynastie fortsetzen. Wie man sieht, gibt es auch in den Dynastien der Atomwelt Seitenlinien, deren Erforschung dem Genealogen ebenso interessante als schwere lösbar Probleme stellt.

Fig. 7 gibt eine schematische Übersicht der Urandynastien, welche die Stammtafel ihrer Hauptlinie enthält.[1]) Jede Atomart ist durch einen Kreis markiert, in dem der Name des betreffenden Stoffes steht, dessen Atomgewicht und Kernladung. Die Zahl, links vom Kreis, gibt die Halbierungszeit an, nach deren Verlauf 50 % der Atome verwandelt sind. Die Art des Zerfalles ist durch die mit den griechischen Buchstaben α und β bezeichneten kleineren Kreise dargestellt, welche sich rechts unten von jedem großen Kreis befinden, die ersteren weiß, die letzteren schwarz. Durch die Länge der Strecke zwischen Alphateilchen und Kreis wird in der Figur im halben Maßstab die *Reichweite* der Alphateilchen in Luft angegeben. Dies ist eine für den Zerfall sehr wichtige Konstante, über welche später noch gesprochen werden wird.

Die beiden letzten Glieder der Zerfallsreihe sind besonders erwähnenswert. Das vorletzte, Radium F genannt, ist nichts anderes als der hochaktive Grundstoff, welcher seinerzeit von dem Ehepaar Curie aus dem wichtigsten Uranmineral, der Pechblende, isoliert und nach Mme Curies Vaterland Polen, Polonium benannt wurde. Es ist ein Alphastrahlen aussendendes Element mit relativ langsamem Zerfall (Halbierungszeit 137 Tage), welches bei radioaktivem Gleichgewicht der Uran-Radiumreihe, in einem Mengenverhältnis zum Radiumgehalt vorkommt, welches gleich dem Verhältnis der betreffenden Halbierungszeiten ist, d. h. 137 Tage zu 1580 Jahre oder ungefähr Eins zu Viertausend. Es ist somit viel seltener als das Radium selbst und konnte bisher nicht in sichtbaren Mengen her-

[1]) Der Einfachheit halber wird in diesem Schema davon abgesehen, daß die Urandynastie an zwei Stellen Verzweigungen aufweist. So zerfällt ein geringer Bruchteil der Ra C-Atome unter Alphastrahlung in Atome des Elements Ra C'', welches seinerseits unter Betastrahlung in Ra D zerfällt. Im folgenden wird öfters mit Ra C dieses Element mit seinen beiden Abkömmlingen zusammen bezeichnet.

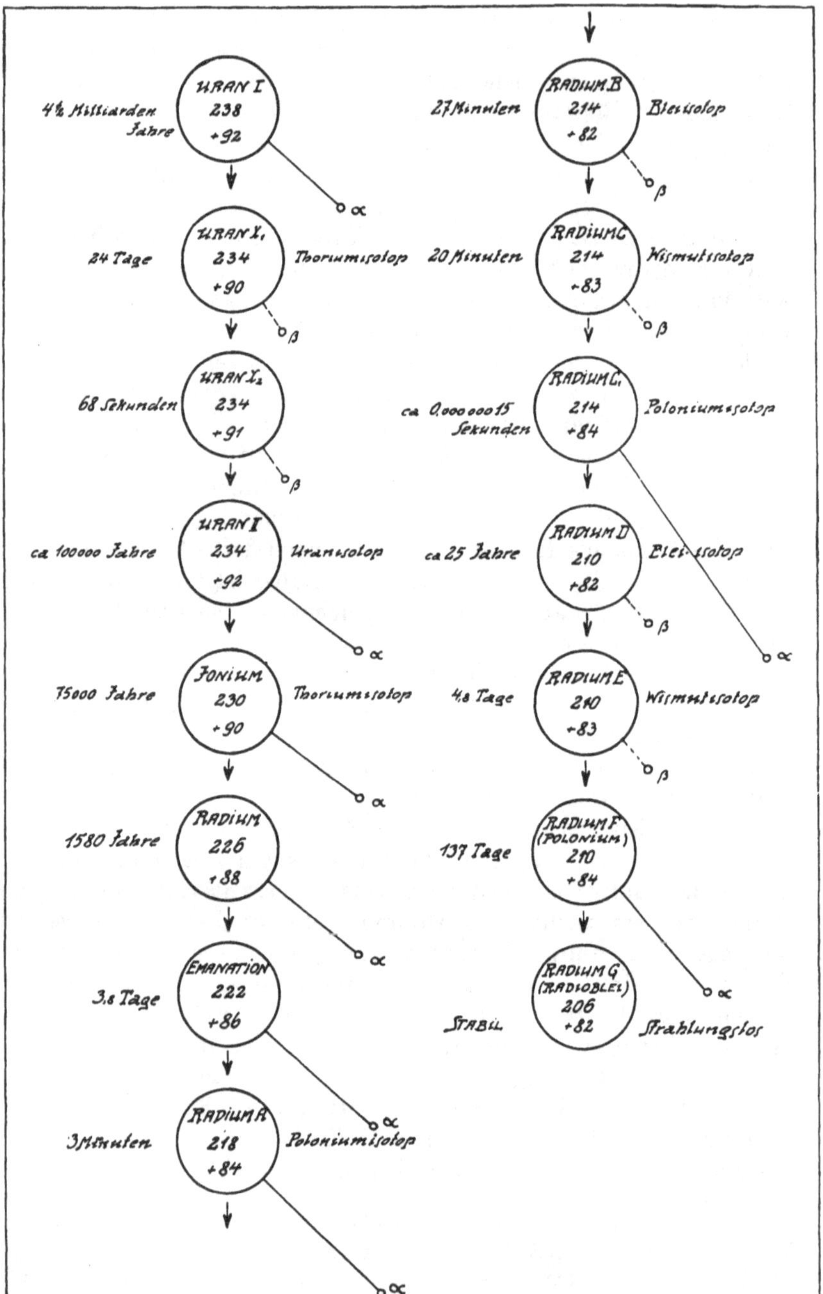

Fig. 7. Stammtafel der Urandynastie.

gestellt werden. Nichtsdestoweniger können aber starke Poloniumpräparate durch ihre intensive Alphastrahlung eine sehr merkbare Wirkung hervorrufen und sind auch als Strahlungsquelle für Versuche über Atomzertrümmerung von Bedeutung.

Das Folgeprodukt des Poloniums ist Radium G, welches das letzte Glied in der Urandynastie ist und gewissermaßen deren Erlöschen darstellt. Dies darf nicht etwa so verstanden werden, daß die Atome des Ra G ohne Nachkommen sterben, im Gegenteil, sie scheinen sich einer unbegrenzten Lebenszeit zu erfreuen, sie sind nicht radioaktiv. Es verlischt also nur die Eigenschaft, radioaktiv zu sein, deren letzter Träger das Polonium ist.

Öfters kommt es vor, daß innerhalb einer Familie der eine oder andere einem seiner um zwei oder mehrere Generationen entfernten Vorväter auffallend ähnelt. Dasselbe kommt auch bei den Dynastien der Grundstoffe vor, aber die Ähnlichkeit unter ihnen kann eine so außerordentliche sein, daß die betreffenden Atomarten in chemischer Hinsicht ganz dieselben Eigenschaften besitzen und praktisch vollkommen übereinstimmende optische Spektren und Röntgenstrahlen geben. Diese Ähnlichkeit nennt man *Isotopie* und sie ist nicht nur auf Elemente, welche in genetischem Verhältnis zueinander stehen, beschränkt, obwohl sie zuerst bei Untersuchungen der radioaktiven Elemente und deren inaktiven Abkömmlingen entdeckt wurde. So ist es ganz unmöglich, das Radium G auf dem Wege der chemischen Analyse von gewöhnlichem Blei zu unterscheiden, obschon sein Atomgewicht $206{,}_0$ um mehr als eine Atomgewichtseinheit von dem des gewöhnlichen Bleis abweicht, welches $207{,}_2$ beträgt.

Die Ursache einer solchen Isotopie ist die, daß, im Gegensatz zu früheren Annahmen, die Masse des Atoms, das Atomgewicht, nicht für die chemischen Eigenschaften eines Elements maßgebend ist, sondern statt dessen die elektrische Ladung des Atomkerns, die sogenannte Kernladungszahl, welche mit der Ordnungsnummer des Elements im periodischen System übereinstimmt. Die Größe dieser Ladung bestimmt nämlich eindeutig die Außenwerke des Atoms, d. h. Anzahl und Gruppierung jener Elektronen, welche die Atomhülle ausmachen und die Verbindung zwischen dem Atom und der Außenwelt vermitteln. Atome mit derselben Kernladung gehören deshalb *Isotopen* ein- und desselben Grundstoffes an, so benannt, weil solchen Atomarten derselbe Platz im periodischen System zugeteilt werden muß. Dabei können im Atomgewicht Unterschiede von mehreren Einheiten vorkommen.

Untersucht man die Stammtafel der Urandynastien genauer, so findet man, daß mehrere ihrer Mitglieder untereinander isotop sind oder auch isotop mit anderen Elementen. So sind Uran I und Uran II

Isotope, da beide die Kernzahl 92 haben, obwohl deren Atomgewichte um 4 Einheiten voneinander abweichen, entsprechend der Masse des von Uran I verlorenen Alphateilchens. Uran X_1 und Ionium sind beide isotop mit Thorium, dem Stammvater der anderen großen radioaktiven Dynastie. Radium A und Radium C′ sind isotop mit Polonium, Ra B und Ra D mit Ra G und mit gewöhnlichem Blei, Ra C und Ra E sind Wismutisotope. Außerdem gibt es mehrere Beispiele für Isotopie zwischen den Angehörigen der Urandynastie einerseits und zwischen denen der Thorium- und Actiniumreihe andererseits. Z. B. hat jede der beiden letztgenannten ihre gasförmige Emanation, welche isotop mit derjenigen des Radiums ist, aber ein anderes Atomgewicht besitzt. Die Isotope unter den radioaktiven Elementen unterscheiden sich nicht nur in puncto Atomgewicht voneinander, sondern sie sind auch betreffs des Zerfalls ungleich. So senden zwar alle die drei letztgenannten Emanationen[1]) Alphateilchen aus, aber deren Reichweiten und die Zerfallsgeschwindigkeiten sind sehr verschieden. Die Radiumemanation zerfällt in 3,8 Tagen auf die Hälfte, wobei sie Alphateilchen von 3,9 cm Reichweite aussendet, die Halbierungszeit der Thoriumemanation beträgt hingegen 54 Sekunden und ihre Alphateilchen reichen 4,8 cm weit, während schließlich die Emanation des Actiniums in knapp 4 Sekunden zur Hälfte zerfällt und Alphateilchen von beinahe 5,8 cm Reichweite besitzt.

Die Thoriumdynastie ist der Urandynastie sehr ähnlich. Der Stammvater, das Element Thorium, dessen Oxyd in den Glühstrümpfen des Auerbrenners technisch verwendet wird, zerfällt noch langsamer als Uran, seine Halbierungszeit beträgt über sechzehn Milliarden Jahre. Es verwandelt sich über vier Zwischenglieder in die schon genannte Thoriumemanation, deren nächste Folgeprodukte wie die entsprechenden Elemente in der Uranreihe Thorium A, B und C genannt werden. Sie sind mit diesen Elementen paarweise isotop und gleichen ihnen außerdem in der ausgesandten Strahlenart. Das Endprodukt Thorium D scheint inaktiv zu sein und ist ein Bleiisotop, dessen Atomgewicht (208) beinahe um eine Atomgewichtseinheit größer ist als gewöhnliches Blei. Auch das inaktive Endprodukt der Actiniumreihe ist isotop mit Blei, doch konnte sein Atomgewicht bisher nicht mit Sicherheit festgestellt werden. Die Actiniumreihe zeigt sich auch in anderer Hinsicht analog mit den beiden anderen; die nächsten Folgeprodukte der Emanation, Actinium A, B und C sind mit den gleichbenannten Elementen der Uran- und Thoriumreihe isotop.

Die großen Ähnlichkeiten der drei radioaktiven Reihen, welche hier beschrieben wurden, lassen eine gemeinsame Gesetzmäßigkeit

[1]) Eine neuere Benennung der drei Emanationen ist Radon, Toron und Acton. Sie ist jedoch noch nicht allgemein gebräuchlich.

ihres innersten Baus ahnen. Es sind über diesen Zusammenhang viele Vermutungen geäußert worden, aber es wurde bisher keine befriedigende Erklärung dafür gefunden. Überhaupt ist uns die Ursache des radioaktiven Zerfalls noch ein großes Rätsel und wird es nach allem zu urteilen auch noch lange bleiben. Das Gebiet, in dem dieser Zerfall vor sich geht, das Innere des Atomkerns, dessen Geheimnisse zunächst erforscht werden müssen, um die Lösung des Rätsels finden zu können, ist mit unseren jetzigen Untersuchungsmitteln außerordentlich schwer zu erreichen.

Mehrmals wurde auch die Frage aufgeworfen, obwohl alle die übrigen Grundstoffe, welche nicht den genannten Dynastien angehören, wirklich inaktiv sind, oder ob auch bei ihnen ein Zerfall vor sich geht, nur so langsam, daß er nicht beobachtet werden kann. Alle diesbezüglich unternommenen Versuche, eine radioaktive Strahlung bei anderen Elementen festzustellen, brachten nur in zwei Fällen ein positives Resultat, nämlich bei den Alkalimetallen Kalium und Rubidium, welche beide eine schwache, aber deutliche Betastrahlung aussenden. Für die übrigen Grundstoffe nimmt man nunmehr an, daß ihre Inaktivität Tatsache ist, d. h. ihre Atome sind unter den physikalischen Verhältnissen, bei denen wir sie untersuchen können, unbegrenzt stabil, sind ewig.

Vergleichen wir nochmals die Atome der aktiven Elemente mit Individuen, die mit der erblichen Krankheit „Radioaktivität" behaftet sind, so können wir zusammenfassend sagen: die Krankheit verläuft bei den verschiedenen Atomarten mit höchst verschiedener Geschwindigkeit, aber immer nach denselben strengen statistischen Gesetzen, wonach in jeder Zeiteinheit ein gewisser Bruchteil der vorhandenen Atome zerfällt. Jeder Versuch, durch einen äußeren Eingriff diesen Bruchteil zu vergrößern und damit das Tempo der Verwandlung zu beeinflussen, scheiterte vollständig. Unerbittlich wie das Schicksal fordert der Zerfall seine Opfer unter den Atomen jedes Gliedes in der radioaktiven Reihe. Eben dadurch werden aber die radioaktiven Prozesse zu einem unübertrefflichen Zeitmesser.

Der radioaktive Zerfall als Uhr für die Geologie.

Durch die Reihenfolge, in welcher sich die Gesteinsarten und Erdschichten während der vergangenen Zeit entwickelten und ordneten, sowie auch durch die Art der Überreste verschiedener Lebewesen, welche in ihnen enthalten sind, konnte man eine Art geologischer Zeitrechnung aufstellen und die Dauer der verschiedenen Perioden abschätzen. Indessen ergeben diese Berechnungen sehr unzuverlässige Zahlen. Nur für gewisse Epochen, speziell der letzten zehntausend Jahre, konnte in manchen Fällen eine exakte Chronologie ermittelt werden und zwar hauptsächlich dank der Untersuchungen de Geers und seiner Schule. Für die älteren geologischen Perioden ist die Zeitbestimmung höchst ungenau und dasselbe gilt in noch höherem Masse für das Alter unserer Erde, d. h. für jene Zeit, die seit der Bildung der festen Erdkruste verflossen ist. In dieser Beziehung ergaben Berechnungen, die sich teils auf die Annahme stützten, daß der Erdball von ursprünglich glühendem Zustand sich allmählich abkühlt, teils auf Berechnungen über den Wärmehaushalt der Sonne, „nur" einige zehn Millionen Jahre. Nicht nur die Geologen, sondern noch mehr die Paläontologen und Biologen erklärten, daß diese Zeitspanne viel zu kurz sei als Spielraum für die Verwandlungen, welche die Erdkruste und ihre lebenden Bewohner durchgemacht haben. Allein die Zeit, welche seit Entstehung der lebenden Organismen verstrichen ist, muß viel länger gewesen sein.

Die Gesetzmäßigkeit des radioaktiven Zerfalls, die, wie oben erwähnt, als unfehlbare Uhr gewertet werden kann, ermöglichte durch Bestimmung der in aktiven Mineralen enthaltenen radioaktiven Zerfallsprodukte die Zeitspanne, welche seit der Bildung der Minerale verflossen sein muß, direkt in Jahren, oder eher in Jahrmillionen zu berechnen. Man muß zu diesem Zweck nur die Menge des ersten Repräsentanten der radioaktiven Dynastie, Uran oder Thorium, messen, die in dem Mineral enthalten ist und außerdem die darin befindliche Menge inaktiver Endprodukte. Deren gibt es, wie schon erwähnt wurde, zwei, einerseits Helium, welches in Form von Alphateilchen, acht für jedes in Radium G übergegangene Uranatom, allmählich gebildet wird, andererseits das Endprodukt der Kette, Uranblei oder Thorblei.

Die Heliummethode hat den Vorteil, daß die Menge dieses gasförmigen Stoffes relativ leicht zu messen ist. Zu diesem Zweck braucht man nur das untersuchte Mineral in geschmolzene oder gelöste Form zu bringen und das abgegebene Helium aufzufangen, welches ein verhältnismäßig großes Volumen besitzt. Hingegen ergibt die Heliummethode Zahlen, die im allgemeinen zu klein sind, da ein Verlust des angesammelten Gases durch feine Sprünge im Mineral während der ungeheueren Zeiträume, um die es sich handelt, immer möglich ist. Die Bestimmung des Radium G, bzw. des Thorium D, ist eine sicherere aber mühsamere Methode, da die betreffenden Bleiisotope in der Regel zusammen und vermischt mit gewöhnlichem Blei vorkommen. Man muß deshalb eine Atomgewichtsbestimmung vornehmen, um zu entscheiden, wieviel die Zumischung des leichteren Uranbleies oder des schwereren Thorbleies das normale Atomgewicht des Bleies vergrößert oder verkleinert. Wird diese Bleibestimmung an einem Mineral genau ausgeführt, welches in überwiegendem Maße nur die eine der beiden aktiven Reihen enthält, so gelangt man zu sehr zuverlässigen Resultaten.

Die Ergebnisse solcher Altersbestimmungen aus radioaktiven Daten, untereinander verglichen, stimmen wohl mit der auf ganz anderem Wege ermittelten geologischen Ordnungsfolge überein, übersteigen aber bei weitem den soeben erwähnten Wert für das vermutliche Alter der Erde und entsprechen andererseits den von verschiedenen Fachmännern erhobenen Forderungen einer längeren Zeitdauer. Mehrere hundert Millionen Jahre sind kein ungewöhnliches Alter für eruptive Minerale, und die aus anderen Gründen als besonders alt angesehenen „archäischen" Gesteinsarten erwiesen sich öfters mehr als eine Milliarde Jahre alt.

Das wirkliche Alter unseres Erdballes muß also sicher wenigstens auf Milliarden von Jahren geschätzt werden und nicht auf armselige 20 Millionen, wie man noch vor ein paar Dezennien zu glauben geneigt war. Aber diese hohen Alterszahlen sind in anderer Hinsicht nicht ohne Rückwirkung geblieben. Das Alter der Sonne muß natürlich viel höher als das unserer Erde sein und es bleibt die große Schwierigkeit, zu erklären, wie die Verschwendung ihrer strahlenden Wärme durch so riesige Zeiträume fortgesetzt werden konnte und noch weiter erfolgt. Diese Frage führt uns zu den kosmischen Energieproblemen, welche durch die radioaktiven Tatsachen in neuem Licht erscheinen und auf welche wir im letzten Kapitel dieses Buches zurückkommen werden.

Die Alphastrahlen.

Betrachten wir durch ein Vergrößerungsglas mit im Dunkeln ausgeruhten Augen ein Stäubchen der selbstleuchtenden Farbe, mit welcher Zeiger und Ziffern einer sogenannten Radiumuhr bestrichen sind. Es zeigt sich unter der Lupe, daß der scheinbar gleichmäßige, an einen Leuchtkäfer erinnernde, grünliche Schimmer aus einer Unzahl kleiner Lichtpunkte besteht, welche überall blitzartig aufleuchten und verlöschen, ein funkelnder Sternschnuppenregen im kleinen. Ebenso wie am Firmament das Aufleuchten des Meteors von einem Geschoß aus dem Weltraum verursacht wird, das beim Bremsen seiner großen Geschwindigkeit in unserer Atmosphäre bis zur Weißglut erhitzt wird, so ist auch jeder dieser kleinen Funken oder „Szintillationen" die Wirkung eines allerdings ganz andersartigen Geschosses. Sie werden erzeugt von Projektilen des Mikrokosmos, aus der Atomwelt stammend, und ihr Auftreffen auf die Kristallkörner des Zinksulfids, dem Hauptbestandteil der Leuchtfarbe, wird durch das Bremsen der ungeheuren Geschwindigkeit des Geschosses und seiner dabei zum Teil in Licht umgesetzten Bewegungsenergie sichtbar.

Der Blick durch die Lupe zeigt uns also die Wirkung *einzelner Atome*, oder besser, einzelner Fragmente, welche von den zerfallenden Atomen eines radioaktiven Stoffes ausgeschleudert werden. Ein solcher Stoff muß nämlich, wenn auch in äußerst geringer Menge, der Leuchtfarbe beigemischt sein, damit das Leuchten zu Stande kommt, und die davon herausgeschleuderten Alphateilchen sind es, welche mit einer Geschwindigkeit von fünfzehn- bis zwanzigtausend Kilometer in der Sekunde in die Zinksulfidkristalle einschlagen und in diesen einen kurzdauernden Lichtblitz erregen.

Ebenso wie die Beta- und Gammastrahlen, können auch die Alphastrahlen materielle Hindernisse durchdringen, aber sie werden viel leichter als die beiden erstgenannten Strahlenarten gebremst. Währenddem die harten Betastrahlen noch durch eine millimeterdicke Metallschicht wahrgenommen werden können und die durchdringendsten Komponenten der Gammastrahlen sogar nach Durchgang durch dezimeterdickes Blei bemerkbar sind, werden die Alphateilchen schon durch eine wenige Zentimeter dicke Luftschicht zurückgehalten. Somit können z. B. die Alphateilchen, von Radium C′ die schnellsten, die überhaupt von einem Element der Urandynastie ausgeschleudert werden, eine Luftschicht von knapp 7 cm durchdringen, vorausgesetzt, daß die Dichte der Luft normal ist. Dieselben Teilchen werden ebensowohl von einem 0,04 mm dicken Glimmerblatt vollkommen gebremst, von dem man deshalb sagt, es habe ein „Luftäquivalent" von 7 cm. Die Reichweite der Alphateilchen in Luft und deren Geschwindigkeit stehen zueinander in einem von H. Geiger entdeckten einfachen Verhältnis, nach welchem die Reichweite in Luft dem Kubus der Geschwindigkeit proportional ist oder $R = C \times V^3$. R ist die Reichweite in Zentimetern, V die Geschwindigkeit in Zentimetern per Sekunde und C ein Proportionalitätsfaktor. Für jedes Alphastrahlen aussendende Element ist die Anfangsgeschwindigkeit der aus dem zerfallenden Atom weggeschleuderten Teilchen immer dieselbe, aber sie variiert von Element zu Element und zwar mit folgender Gesetzmäßigkeit: je schneller der Zerfall stattfindet, desto größer ist die Geschwindigkeit der Teilchen und desto größer deren Reichweite. So haben die Alphateilchen des langsam zerfallenden Elements Uran I eine Reichweite von nur 2,7 cm (Geschwindigkeit 14000 km in der Sekunde) während das äußerst schnell zerfallende Radium C′ Alphateilchen aussendet, deren Reichweite, wie schon erwähnt wurde, 7 cm beträgt (Geschwindigkeit 19200 km per Sekunde). Das noch schneller zerfallende Thorium C′

schleudert Alphateilchen mit einer Anfangsgeschwindigkeit von 20600 km pro Sekunde 8,6 cm weit.

Die Bahn der Alphateilchen in Luft ist bis zum Ende so gut wie gerade. Nach bekannten Tatsachen der Molekularphysik berechnet man, daß ein Ra C′-Alphateilchen auf seinem 7 cm langen Weg, mehrere hunderttausend Atomen der in der Luft enthaltenen Gase begegnen muß, überwiegend solchen von Sauerstoff und Stickstoff. Wenn diese Begegnungen gleicher Art wären, wie die bei der Wärmebewegung vorkommenden Stöße, so müßten die Teilchen schon bei dem ersten Zusammenstoß in eine ganz andere Richtung elastisch zurückgeworfen werden und ein großer Teil der Bewegungsenergie der Alphateilchen müßte auf die getroffenen Atome übergehen. Daß die Alphapartikeln aber ihre Flugrichtung unverändert beibehalten und ihre Geschwindigkeit nur allmählich verlieren, beweist, daß die Begegnung mit den Atomen ganz anders verläuft — daß die Teilchen *durch dieselben gerade hindurchfliegen.* Gegenüber Stößen von gewöhnlicher Stärke verhalten sich die Atome vollständig elastisch, dem gewaltsamen Anprall der schnellen Alphateilchen können sie aber nicht widerstehen, sondern diese durchbohren fast widerstandslos Hunderttausende von Atomen hintereinander.

Ganz unbeeinflußt bleiben die durchschossenen Atome jedoch nicht. Gewöhnlich wird nur eines ihrer Elektronen durch das hindurchfliegende Alphateilchen aus dem Atom herausgerissen, während letzteres als ein positiv geladenes Atomion zurückbleibt. So erzeugt ein schnelles Alphateilchen in einem Gas längs jedes Zentimeters seiner Bahn Zehntausende von Ionen und macht es somit elektrisch leitend. Diese Ionisierung erfordert jedoch von seiten der Alphateilchen eine gewisse Arbeitsleistung und zwar auf Kosten ihrer Bewegungsenergie. Dadurch nimmt die Geschwindigkeit der Teilchen allmählich ab und schließlich verlieren sie ihre Fähigkeit, begegnende Atome geradlinig zu durchfliegen, und werden von ihrer Flugrichtung bei jedem neuen Zusammenstoß mehr und mehr abgelenkt. Ihr geradliniger Flug degeneriert allmählich zu einer Zickzackbahn und ihre Geschwindigkeit nimmt bis zur gewöhnlichen Wärmebewegung ab. Gleichzeitig verändern sich auch die Alphateilchen selbst, indem deren beide elektrischen Ladungen durch das Einfangen zuerst eines und dann eines zweiten Elektrons neutralisiert werden, welche sie den durchflogenen Atomen rauben. Am Ende seiner Flugbahn wird das Alphateilchen deshalb elektrisch neutral, d. h. in ein gewöhnliches Heliumatom verwandelt.

Die Eigenschaft der Alphateilchen, Luft und andere Gase, die sie durchfliegen, zu ionisieren, hat die Entwicklung äußerst empfindlicher elektrischer und anderer Methoden ermöglicht, mittels welcher man die Teilchen wahrnehmen und zählen kann. Fig. 8 zeigt uns zwei Seidenquasten, welche beide auf ungefähr 30000 Volt geladen wurden, so daß deren Fäden durch die elektrostatische Repulsion nach allen Richtungen aufgebauscht sind. Wird ein schwaches radioaktives Präparat der einen Quaste genähert, wie in der Figur, so genügt die durch die Strahlung hervorgerufene Ionisation, um deren elektrische Ladung abzuleiten, wobei die Fäden augenblicklich zusammenfallen.

Die Eigenschaft der Alphateilchen, photographische Platten zu schwärzen, sowie die Zinksulfidkristalle zum Leuchten zu bringen, beruht auch auf der Ionisation, welche sie hervorrufen.

Fig. 8. **Die Luft wird durch Radiumstrahlung elektrisch leitend.**

Ein besonderes handgreifliches Beispiel für die photographische Wirkung der Alphastrahlen erhält man durch folgenden Versuch: man legt ein kleines hochaktives Körnchen (Polonium) auf die Oberfläche einer photographischen Platte. Entwickelt und fixiert man die Platte nach einiger Zeit, so sieht man darauf im Mikroskop geschwärzte Streifen, die von dem Körnchen nach allen Richtungen strahlenförmig ausgehen, und die Bahnen der weggeschleuderten Alphateilchen markieren (Fig. 9). Ordnet man den Versuch so an, daß nur eine geringe Anzahl Partikeln fast parallel zur Oberfläche der Platte fliegt, so kann man die Bahnen der einzelnen Alphateilchen als geradlinig geordnete schwarze Punkte wahrnehmen; es sind dies die Bromsilberkörner, welche nacheinander von derselben Partikel durchbohrt und dadurch entwicklungsfähig gemacht wurden.

C. T. R. Wilson, dem Cambridger Physiker, verdanken wir eine ungleich elegantere Methode für die Sichtbarmachung einzelner Alphateilchenbahnen. Diese Methode beruht auf der Eigenschaft des Wasserdampfs, bei seiner Kondensation Tropfen um elektrisch geladene Teilchen zu bilden. Dehnt sich feuchte Luft sehr schnell aus, so wird sie bekanntermaßen abgekühlt (gewöhnliche Ursache der atmosphärischen Wolkenbildung) und das Wasser, welches nicht länger in Gasform verbleiben kann, verwandelt sich in kleine Wassertropfen. Sind Staubteilchen vorhanden, so bilden sich rund um diese kleine Wassertropfen; fehlen Staubteilchen, so ist die Tropfenbildung erschwert, aber bei genügender Übersättigung wählt sich der Wasserdampf stattdessen Ionen als Kondensationszentren, falls solche vorhanden sind. In einem niedrigen zylindrischen Raum mit

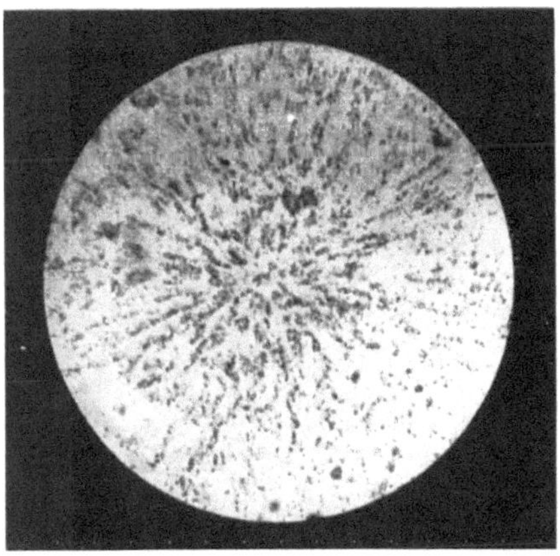

Fig. 9. Photographische Wirkung der Alphateilchen aus einem Poloniumkorn.

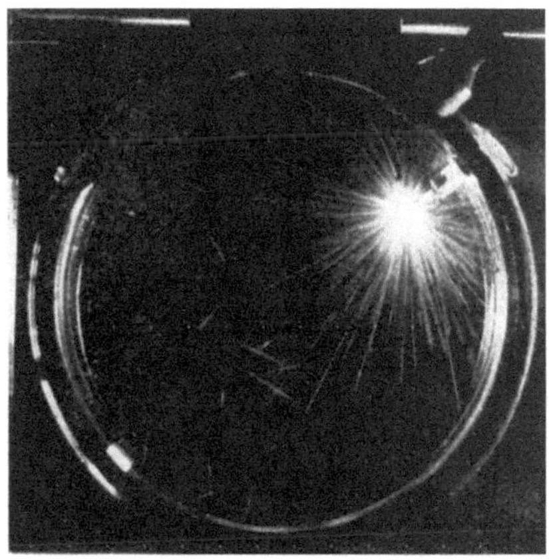

Fig. 10. Die Bahnspuren von Alphateilchen nach der Wilsonmethode sichtbar gemacht.

Glasdeckel, welcher eine schwach aktive Metallspitze enthielt, kühlte Wilson feuchte Luft durch schnelle Expansion so weit ab, daß sich an den Ionen, welche die von der Metallspitze ausfliegenden Alphateilchen längs ihrer Bahnen erzeugten, kleine Wassertropfen ansetzten. Bei entsprechend intensiver Beleuchtung wurden diese Bahnen als Nebelstrahlen sichtbar und konnten photographiert werden.

Fig. 10 ist die Reproduktion einer der ersten Photographien Wilsons. Einige in der Luft umherfliegende Emanationsatome gaben im Moment der Expansion auch einzelne Alphateilchen ab, deren Bahnen auf dem Bilde ebenfalls zu sehen sind. Diese Methode von Wilson hat sich als eine der fruchtbarsten Untersuchungsmittel der radioaktiven Forschung erwiesen, denn sie ermöglicht nicht nur ein genaues Studium der Alphateilchen und deren Bahnen, sondern auch der Beta-, Gamma- und Röntgenstrahlen und war in der letzten Zeit auch bei Atomzertrümmerungsversuchen von großem Nutzen.

Das Alphateilchen ist für die Erforschung des Aufbaus der Materie von großer Bedeutung gewesen als „Sonde" für das Innere der Atome, mit deren Hilfe bisher unerreichbare Gebiete untersucht werden konnten. Außerdem zeigte es sich, daß die Alphateilchen dank ihrer großen Durchschlagskraft bis zum Zentrum des Atoms vordringen können und sogar im Stande sind, eine Zersplitterung des Atomkerns selbst hervorzurufen, wodurch zum ersten Male eine Elementverwandlung auf künstlichem Wege erreicht werden konnte.

Die Zertrümmerung der Atome.

Die Wiedergeburt der Alchimie.

Jahrhundertelang war der stärkste Ansporn zur Erforschung der Materie die Sehnsucht nach dem „Lebenselixier" und nach dem „Stein der Weisen". Das Lebenselixier, glaubte man, sei ein Heilmittel gegen alle Krankheiten, könnte ewige Jugend verleihen und den Fehlgriff des ersten Menschenpaares wieder gutmachen, welche im Paradies die Früchte vom Baum der Erkenntnis denen vom Baum des Lebens vorgezogen hatten. Der „Stein der Weisen" aber sollte die Kraft besitzen, unedle Metalle in Gold zu verwandeln (zu „transmutieren") und dadurch seinen Besitzer mit unermeßlichen Reichtümern beschenken.[1]) Der Übergang der Alchimie in die Chemie als empirische Wissenschaft vernichtete den Traum vom Stein der Weisen und ersetzte diesen durch einen ebenso felsenfesten Glauben an die Unmöglichkeit einer Transmutation. Die Unveränderlichkeit und Ewigkeit der Atome wurde zu einem naturwissenschaftlichen Dogma und jeder Zweifel an diesem galt als Ketzerei. Aber glücklicherweise hat jede Religion ihre Ketzer und von mehreren wissenschaftlichen Größen wurden abweichende Meinungen in bezug auf die Möglichkeit der Elementverwandlung offen ausgesprochen.

Vor mehr als einem Jahrhundert stellte der englische Arzt und Chemiker Prout die Hypothese auf, daß Wasserstoff, das leichteste aller Elemente, identisch mit dem Urstoff „Proton" sei, aus dessen Atomen die der anderen schwereren Grundstoffe aufgebaut sind. Daß viele der damals noch nicht genau bekannten Atomgewichte ganze Vielfache desjenigen des Wasserstoffs waren, schien sehr für Prouts Annahme zu sprechen. Seitdem aber genauere Atomgewichts-

---

[1]) Interessant ist, daß in der letzten Zeit, gleichzeitig mit der Verwirklichung der alten Transmutationsidee, auch der Glaube an die Möglichkeit einer Wiedergewinnung verschwundener Jugend durch ein Lebenselixier erneut auflebte, obwohl dieser, als die Medizin eine moderne Wissenschaft wurde, sehr in Mißkredit gekommen war. Ohne Zweifel aber würden die operativen Verjüngungsmethoden eines Steinach oder eines Voronow ihren mittelalterlichen Vorgängern ebenso absurd erscheinen als die moderne Elementverwandlung den Alchimisten.

bestimmungen, besonders von Berzelius und seiner Schule, vorliegen, fiel diese Stütze der Proutschen Hypothese fort, denn es wurden mehrere bedeutende Abweichungen von dieser Regel sicher festgestellt. Erst als der Cambridger Physiker Aston, ein ganzes Jahrhundert nach Prout, die Gültigkeit der Ganzzahlregel für fast alle untersuchten Elemente bestätigte, wurde der Einwand gegen die Hypothese hinfällig. Er konnte nämlich nachweisen, daß die Grundstoffe, deren Atomgewichte gebrochene Zahlen sind, aus Mischungen von chemisch untrennbaren „isotopen" Atomarten bestehen, die alle ein ganzzahliges Atomgewicht besitzen. Das Atomgewicht der isotopen Mischelemente, welches man auf chemischem Wege bestimmt, ist nur ein statistischer Mittelwert aus den Atomgewichten der darin vorkommenden isotopen Atomarten.

Besonders hervorzuheben ist, daß Sir William Crookes, dessen Untersuchungen über die „strahlende Materie" im elektrischen Entladungsrohr zur Entdeckung der Elektronen führte, klar und deutlich auf die Möglichkeit der Isotopie hinwies, schon ein Vierteljahrhundert früher als das erste Beispiel hierfür gefunden wurde. Crookes glaubte wohl selbst an eine Elementverwandlung, aber er verlegte sie nach anderen Welten, in die gewaltigen Hochöfen der Sonne und der Fixsterne, in denen eine Temperatur herrscht, welche wir im Laboratorium wohl nie erreichen werden können. Die von ihm selbst gestellte Frage, ob eine Verwandlung der Grundstoffe hier auf Erden in der Natur nachgewiesen werden könne, beantwortete er verneinend. Ein Jahrzehnt später brachte Becquerels Entdeckung der radioaktiven Erscheinungen das erste Beispiel einer solchen freiwilligen Elementverwandlung, deren Vorhandensein Crookes bezweifelt hatte.

Die Transmutationsidee wurde durch die Entdeckung der Radioaktivität neu belebt. Wenn sich eine Elementverwandlung in der Natur fortwährend von selbst abspielt, so ist das ein Beweis, daß wenigstens einige Atome nicht ewig und unveränderlich sind, und es müßte dann durch menschliche Hilfsmittel möglich sein, ähnliche Prozesse einzuleiten und den Zerfall eines Elements zu erzwingen. Alle diesbezüglichen Versuche schienen jedoch fehlzuschlagen. Man stand dem Verlauf des radioaktiven Zerfalls vollkommen machtlos gegenüber. Alle Anstrengungen, auf die Richtung oder die Geschwindigkeit des Zerfalls einzuwirken, waren vergebens. Und weiter zeigte die ungeheure, den Zerfall begleitende Energieentwicklung, die hunderttausendmal größer ist als bei der Explosion eines hochbrisanten Sprengstoffs, daß von unserer Seite eine Einwirkung auf die Prozesse der Elementverwandlungen schon aus energetischen Gründen kaum möglich ist. Da die Alphateilchen, welche von einem radioaktiven Stoff ausgeschleudert werden, eine Geschwindigkeit besitzen, die der Wärmebewegung bei einer Temperatur von sechzig Milliarden Graden entspricht, so muß die für uns erreichbare Temperatursteigerung mit einigen tausend Graden für den Zerfall absolut bedeutungslos sein, was die Erfahrung auch bestätigte. Unsere lächerlich schwachen chemischen, thermischen oder elektrischen Angriffsmittel gegen diese gewaltigen Kräfte zu richten, welche die Stabilität der Atome bedingen, dürfte ebenso aussichtslos sein, wie wenn man versuchen wollte, ein Bergmassiv mit einem Strohhalm zu bewegen!

Fig. 11. Sir William Ramsay in seinem Arbeitszimmer. Auf den Regalen sind Glasbehälter mit Edelgasen aus 30 Tonnen flüssiger Luft.

Wurden wir auch durch die Untersuchungen der radioaktiven Erscheinungen in unserem Gefühl der Machtlosigkeit gegenüber dem Transmutationsproblem bestärkt, so haben sie doch andererseits die Forschung um ein neues Angriffsmittel bereichert, welches den bisherigen bei weitem überlegen ist. Wie schon öfters erwähnt wurde, repräsentieren die schnellen Alphateilchen Energie in äußerster Konzentration. Vielleicht wäre es möglich, durch sie eine künstliche Elementverwandlung herbeizuführen und so mit Hilfe des freiwilligen Zerfalls einen auf andere Weise nicht realisierbaren Vorgang zu erzwingen. Der geniale schottische Chemiker Sir William Ramsay[1]) scheint zuerst auf diese Idee gekommen zu sein, derselbe, welcher gemeinsam mit Lord Rayleigh das erste Edelgas der Atmosphäre, das Argon, entdeckte. Später gelang es Ramsay durch Analyse des radioaktiven Minerals Cleveit, das Edelgas Helium zu isolieren, dessen gelbe Spektrallinien schon früher von Lockyer im Spektrum der Sonne gefunden worden war. Schließlich glückte es ihm durch fraktionierte Destillation der Rückstände aus großen Mengen flüssiger Luft, drei weitere Edelgase

---

[1]) 1852 geboren, Professor der Chemie am University College in London, 1904 Nobelpreisträger für Chemie, 1916 gestorben.

herzustellen, nämlich Neon, Krypton und Xenon, wodurch er beinahe auf eigene Faust eine ganze Gruppe von Elementen dem periodischen System der Grundstoffe angliederte.

Ramsays Methode die Elementverwandlung zu verwirklichen war folgende: zu wässerigen Lösungen der Salze verschiedener Elemente fügte er große Mengen Radiumemanation, so daß die davon ausgehenden Strahlen, speziell die Alphastrahlen, Gelegenheit bekamen, auf die Atome der betreffenden Elemente einzuwirken. Seine Bemühungen schienen von Erfolg gekrönt, auf spektroskopischem oder sogar chemischem Wege glaubte er Spuren anderer Elemente zu entdecken, welche vor der Bestrahlung nicht vorhanden waren und infolgedessen durch die umwandelnde Wirkung der Alphastrahlen auf die Atome, d. h. durch eine wirkliche Transmutation, gebildet worden sein mußten: aus Kupfer Lithium, aus Thorium und aus Zirkon Kohlensäure, aus reinem Wasser Neon. Aber diese Versuche konnten einer Kritik von anderer Seite nicht standhalten. Unter strengeren Bedingungen ausgeführte Versuche ergaben negative Resultate, wo Ramsay positive gefunden hatte und man ist nun allgemein der Ansicht, daß die letzteren auf das Konto gewisser Fehlerquellen zu schreiben sind, welche er nicht vollständig ausschließen konnte.

Fig. 12. Sir Ernest Rutherford.

Spätere Erfahrungen haben inzwischen gezeigt, daß Ramsay mit genialer Intuition ein ganz richtiges Angriffsmittel gewählt hatte, nämlich das Auftreffen der schnellen Alphateilchen auf andere Atome, daß aber sein Versuch, das Resultat der Verwandlung nachzuweisen, vor allem nach viel zu unempfindlichen Methoden gemacht wurde. Das Verdienst, Ramsays Angriffsmittel mit einer zweckmäßigen Beobachtungsmethode vereinigt zu haben, welche es erlaubt, die Elementverwandlung Atom für Atom nachzuweisen, gebührt dem Führer auf dem Gebiet der Radioaktivität und Atomforschung, Sir Ernest Rutherford.[1])

[1]) Geboren auf Neuseeland 1872, Nobelpreisträger für Chemie 1908, seit 1920 Professor für Experimentalphysik am Cavendish-Laboratorium in Cambridge.

Die Beschießung der Atome.

Die starken elektrischen Kräfte, welche in den hochverdünnten Gasen des elektrischen Entladungsrohres vorhanden sind, treiben die von Crookes u. a. zuerst studierten negativ geladenen Teilchen, die Elektronen, von der Kathode mit einer Geschwindigkeit fort, die mehr als hunderttausend Kilometer in der Sekunde betragen kann. Der Vater der Radiotelegraphie, der große Physiker Hertz, fand, daß die Kathodenteilchen dünne Metallblätter durchdringen können. Sein Schüler Lenard[1]) hat später diese Entdeckung verwendet, um ein Bündel Kathodenstrahlen aus dem Entladungsrohr entweichen zu lassen. Zu diesem Zweck ließ er sie durch ein dünnes Aluminiumblättchen durchgehen, welches über ein kleines Loch einer in die Wand des Glasrohres eingekitteten Metallplatte geklebt war. Dank der Kleinheit des Loches kann die äußerst dünne Aluminiumfolie, dieses „Lenardfenster" den Druckunterschied zwischen der Atmosphäre und dem fast luftleeren Raum im Rohr aushalten, während die Kathodenteilchen hindurchdringen und somit einer direkten Untersuchung zugänglich werden. Das Durchdringen dünner Metallschichten muß so erklärt werden, daß die Kathodenteilchen die begegnenden Metallatome direkt durchfliegen können. Von dieser Erscheinung machte Lenard Gebrauch, um das Innere der Atome zu sondieren, indem er beobachtete, wie sich die Flugrichtung und Geschwindigkeit der Teilchen beim Durchgang durch die Atome ändert. Mit anderen Worten: er verwendete die äußerst schnellen und feinkalibrigen Geschosse aus dem Entladungsrohr, um die für andere Beobachtungen unzugänglichen Tiefen im Atominnern auszuloten.

Fig. 13. Philipp von Lenard.

Das Resultat der Lenardschen Untersuchungen war sehr merkwürdig. Er fand, daß genügend schnelle Kathodenteilchen Tausende von Atomen zu durchfliegen vermögen, ohne daß die überwiegende Mehrzahl der Teilchen nennenswert beeinflußt wird. Aber auch unter

[1]) Geboren 1862, Nobelpreisträger in Physik 1905, Professor an der Universität Heidelberg.

den allerschnellsten Geschossen, welche er verwenden konnte, fand er, daß eine, wenn auch geringe Anzahl von ihrer geradlinigen Bahn abgelenkt wird und einige darunter sogar zurückgeworfen werden. Lenard erklärte dies folgendermaßen: es muß innerhalb des im allgemeinen fast widerstandslos durchflogenen Atoms *etwas* geben, das sich in einer geringen Anzahl Fälle so zur Gegenwehr setzt, daß ein hereindringendes Teilchen wie von einer Wand zurückprallt. Er nahm an, daß solche widerstandsfähigen Gebilde, die er „Dynamiden" benannte, bis zu einer gewissen Anzahl in jedem Atom vorhanden sind, und daß diese Dynamiden aus einer positiven und einer negativen elektrischen Ladung, paarweise vereint, bestehen. Erst in unmittelbarer Nähe einer Dynamide erreicht dessen äußeres elektrisches Feld eine sehr hohe Intensität. Es ist deshalb notwendig, daß ein Kathodenteilchen in die nächste Nähe einer Dynamide kommt, damit die elektrische Kraft eine merkbare Richtungsänderung in der Bahn des Teilchens hervorrufen kann. Die Seltenheit dieses Ereignisses schien Lenard ein Beweis für die geringe Wahrscheinlichkeit, eine Dynamide zu treffen, oder, mit anderen Worten, daß nur ein verschwindend kleiner Teil des Atominnern mit „wirklicher Materie" ausgefüllt ist, d. h. mit Dynamiden. Und was ist dann das übrige? Nach Lenard — leerer Raum! Als drastisches Beispiel dafür, wohin diese Auffassung des Atomaufbaues führt, berechnete Lenard, daß bei genügend intensiver Zusammenpressung der Materie bis zur Berührung der im Atom befindlichen Dynamiden — ein Kubikmeter Platin auf einen Raum von nur einigen Kubikmillimetern zusammengedrängt werden könnte. Auch die scheinbar kompakte Materie müßte also eine äußerst lockere Struktur haben. Der Satz Demokrits „die Wirklichkeit besteht aus Atomen und leerem Raum" wurde von Lenard dahin umgeändert, daß *auch das Atom selbst größtenteils ein leerer Raum ist.*

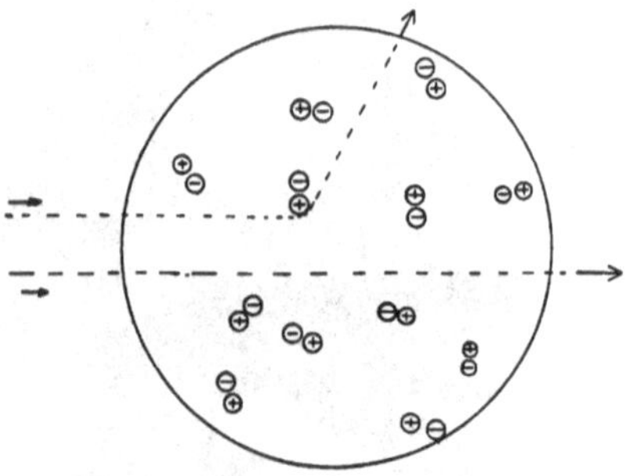

Fig. 14. Lenards Atommodell.

Lenards Atommodell, welches schematisch mit hindurchfliegenden Kathodenteilchen auf Fig. 14 zu sehen ist, mußte dem siegreichen Rutherfordschen Atommodell weichen, doch wurde der leere Raum im Innern des Atoms, gerade das überraschendste an dem Lenardschen Modell, darin aufgenommen. Ebenso ist es die Lenardsche Methode der Atombeschießung mit schnellen Teilchen, welche auch Rutherford zu seiner Hypothese führte, doch waren die von ihm verwendeten

Projektile viel schwerer als die Lenardschen, nämlich die Alphateilchen radioaktiver Stoffe anstatt Elektronen.

Die auffallende Eigenschaft der Alphateilchen, durch andere Atome fast ohne Veränderung der geraden Flugrichtung hindurchfliegen zu können, wurde schon erwähnt. Es ist klar, daß die Alphapartikeln eines viel größeren Widerstandes als die Kathodenteilchen bedürfen, um aus ihrer Bahn geworfen zu werden, da ihre Masse ja mehr als 7000 mal größer ist, nämlich 4×1840. Und dennoch finden sie denselben tatsächlich bei einzelnen, wenn auch äußerst seltenen Atomdurchquerungen. Wenn ein Bündel Alphateilchen ein dünnes Goldblättchen von einigen tausendstel Millimetern Dicke trifft, so fliegen die meisten der Teilchen durch das Gold mit ganz kleinen Richtungsänderungen, aber eine sehr kleine Zahl, ungefähr eins unter zehntausend, verändert seine Flugrichtung um mehr als 90°, und einige wenige werden direkt reflektiert, d. h. in einer Richtung, welche der ursprünglichen gerade entgegengesetzt ist, zurückgeworfen.

Rutherford konnte zeigen, daß diese großen Richtungsveränderungen beim Durchgang durch *ein einziges Atom* entstehen, und somit nicht durch eine Summation einer größeren Anzahl kleiner, nach derselben Seite stattfindenden Ablenkungen bei verschiedenen aufeinanderfolgenden Atomdurchquerungen hervorgerufen werden. Nun können Veränderungen der Flugrichtung schneller, elektrisch geladener Teilchen wie der Alphateilchen sowohl durch elektrische als durch magnetische Kraftfelder bewirkt werden. Diesbezügliche Berechnungen zeigen jedoch, daß ein Magnetfeld, welches innerhalb des Raumes eines einzigen Atoms im Stande wäre, ein schnelles Alphateilchen zurückzuwerfen, unwahrscheinlich stark sein müßte, nämlich ungefähr eine Milliarde Gauss.[1]) So bleibt als die einzige wahrscheinliche Annahme, daß die ablenkenden Kräfte in einem Atom elektrischer Art sind und auf einer Wechselwirkung zwischen der Ladung der Alphateilchen und einer im Inneren des Atoms verborgenen elektrischen Ladung beruhen. Letztere muß indessen zu einem äußerst kleinen Volumen zusammengezogen sein, damit ihre Kraft die erforderliche hohe Intensität besitzt. Dazu muß sie mit einer relativ großen Masse vereinigt sein, denn sonst würde sie vom Alphateilchen zur Seite geworfen werden, anstatt daß sie es ist, die das Teilchen zurückschleudert.

Auf Grund solcher Überlegungen kam Rutherford (1911) zu seiner später so berühmten Kernhypothese für den Bau der Atome. Nach

[1]) Die gewöhnliche Einheit für ein magnetisches Kraftfeld wird nach dem großen deutschen Physiker „Gauss" genannt. Die stärksten konstanten Magnetfelder, welche man bisher unter Anwendung von Elektromagneten herstellen konnte, haben eine Stärke von ungefähr 80000 Gauss.

dieser ist die Masse des Atoms zu einem elektrisch geladenen „Nukleus“ oder Kern in der Mitte des Atoms konzentriert (*K* in Fig. 15). Seine Ausdehnung (die in der Figur stark übertrieben ist) muß im Verhältnis zu derjenigen des Atoms äußerst gering sein, was auch aus der geringen Treffwahrscheinlichkeit hervorgeht. Die negativen Elektronen, deren Vorkommen im Atom durch die optischen Erscheinungen angezeigt wird, sind durch elektrische Kräfte an den Kern gebunden. Nachdem die ersteren negativ elektrisch geladen sind, muß der Kern selbst positive Ladung tragen. Da die Ladung der Alphateilchen ebenfalls positiv ist, so muß die Kraft zwischen diesen und dem Atomkern abstoßend sein, aber sie wird nur in den seltenen Ausnahmsfällen bemerkbar, wenn das Teilchen das Atom so zentral trifft, daß es in die unmittelbare Nähe des Kerns gelangt und damit auch seinem hochkonzentrierten Kraftfeld ausgesetzt wird. Rutherford konnte durch Beschießung verschiedenartiger Atome mit schnellen Alphateilchen zeigen, daß letztere um so häufiger und stärker abgelenkt werden, je größer das Atomgewicht ist. Er schloß daraus, daß die Kernladung mit dem Atomgewicht zunimmt und fand außerdem, daß die Ladung, in elektrischen Elementarquanten ausgedrückt, annäherungsweise dem halben Atomgewicht gleich ist.

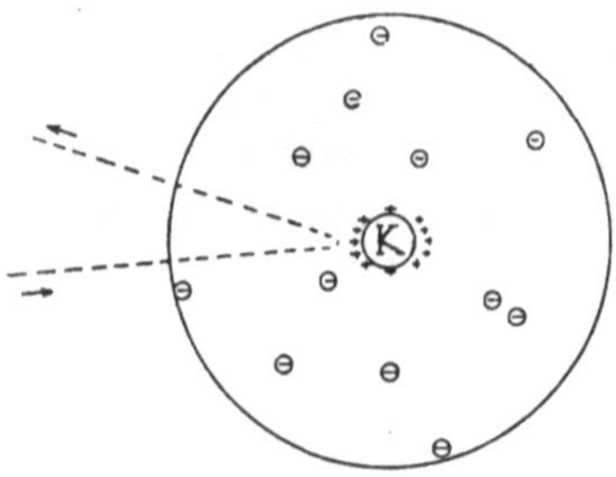

Fig. 15. Rutherfords Atommodell.

Von den obenerwähnten einfachen Annahmen ausgehend, berechnete Rutherford, wie diejenige Zahl der Alphateilchen, welche um einen gewissen Winkel abgelenkt werden, von der Größe dieses Winkels, der Geschwindigkeit der Teilchen und von der Art der beschossenen Atome abhängt. Zwei seiner Mitarbeiter, Geiger und Marsden, bekamen den Auftrag, diese Theorie durch Beschießung der Atome verschiedener Grundstoffe mit mehr oder weniger schnellen Alphateilchen zu prüfen, und zwar mittels Zählung jener Teilchen, welche um gewisse größere oder kleinere Winkel abgelenkt wurden. Die Größe der Ablenkung diente sozusagen als Markierung dafür, wie viele Alphateilchen ins Schwarze getroffen hatten, d. h. auf den Kern eines der durchschossenen Atome gestoßen waren.

Das Resultat jener Messungen bestätigte vollauf die Rutherfordschen Berechnungen und bewies somit die Richtigkeit des von ihm vorgeschlagenen Atommodells. Ein anderer besonders überzeugender Beweis dafür wurde von C. T. R. Wilson gegeben und zwar durch die schon früher erwähnte Methode der Sichtbarmachung der Alpha-

und Betateilchenbahnen als Nebelstrahlen in mit Feuchtigkeit gesättigter Luft. Ein berühmtes Detail von einer der Wilsonschen Photographien der Alphabahnen ist auf Fig. 16 wiedergegeben. Man sieht auf dem Bild zu unterst eine normale, bis zum Schluß geradlinig verlaufende Alphabahn und darüber eine zweite, welche zweimal deutlich abgebogen wurde; das erste Mal wenig, das zweite Mal viel stärker, so daß der getroffene Kern, ein Stickstoff- oder Sauerstoffatom in der Luft, in schnelle Bewegung versetzt wurde. Die Bahn dieses sekundären Atomprojektils ist auf dem Bild vom Kollisionspunkt an, wo die eigene Bahn des Alphateilchens scharf nach aufwärts biegt, als ein kleiner, abwärts gerichteter Sporn sichtbar. Durch genaue Messungen solcher äußerst seltenen, verzweigten Bahnen, welche die Kernkollisionen in verschiedenen Gasen sichtbar machen, konnte man später den Verlauf dieser Zusammenstöße untersuchen und das Verhältnis zwischen den beiden Massen der kollidierenden Systeme bestimmen, d. h. eine Art Atomgewichtsbestimmung an *individuellen Atomen* vornehmen. Die Ergebnisse dieser Messungen haben die Richtigkeit der Rutherfordschen Kernhypothese im wesentlichen bestätigt.

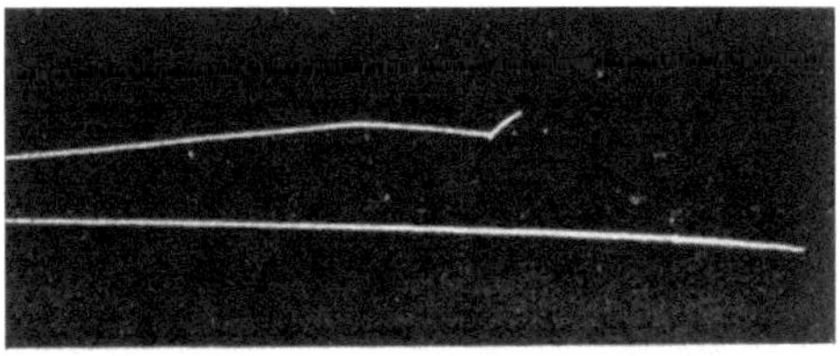

Fig. 16. Die Bahnspuren von zwei Alphateilchen in Luft, die obere einen Kernstoß aufweisend.

Das also skizzierte Atommodell wurde bald auf Grund von Untersuchungen ganz anderer Art weiter ausgearbeitet. Indem man die Wellenlängen der charakteristischen Röntgenstrahlung verschiedener Elemente untersuchte, konnte man zeigen, wie die daraus berechnete Kernladung (welche die Stärke der Kraft, mit welcher die Elektronen gebunden sind, d. h. die „Spannung der Saiten des Instrumentes“ bestimmt) um eine Einheit von Element zu Element zunimmt, wenn diese in der natürlichen Reihe des periodischen Systems geordnet sind. Auf dieselbe Weise muß auch die Zahl der Hüllenelektronen, welche den Kern umgeben und das Äußere des Atoms bilden, um ein Elektron zunehmen, wenn die Kernladung um eine Einheit wächst, da das Atom ja sonst nicht elektrisch neutral sein könnte. Wasserstoff mit der Atomnummer 1 hat also die Kernladung + 1 und ein äußeres Elektron, Helium, welches Nummer 2 ist, hat zwei Ladungseinheiten und besitzt zwei äußere Elektronen, Lithium als Nummer 3 hat Kernladung und Elektronenzahl 3 usw. Uran, das letzte Element des Systems hat Nummer 92 und ebenso viele positive Ladungseinheiten auf seinem Kern, welcher von 92 Elektronen umgeben ist.

Wie die Elektronen in den äußeren Regionen der verschiedenen Atomarten gruppiert sind und welche Rolle sie als bestimmend für die chemischen und physikalischen Eigenschaften des Atoms spielen, speziell für die Art des Lichts, die sie ausstrahlen, wurde von dem Dänen Niels Bohr in seiner genialen Theorie entwickelt. Deshalb wird das hier skizzierte Atommodell mit Recht das Rutherford-Bohrsche genannt. Nach dieser Theorie sind die wesentlichsten Eigenschaften des Atoms von der Größe seiner Kernladung bestimmt, wogegen dem Atomgewicht weniger Bedeutung zukommt. Besonders handgreiflich wurde dieses Verhältnis durch die Entdeckung, daß es Atomarten gibt, welche dieselbe Kernladung besitzen, deren Atomgewichte aber um mehrere Einheiten verschieden sein können. Wie schon früher hervor-

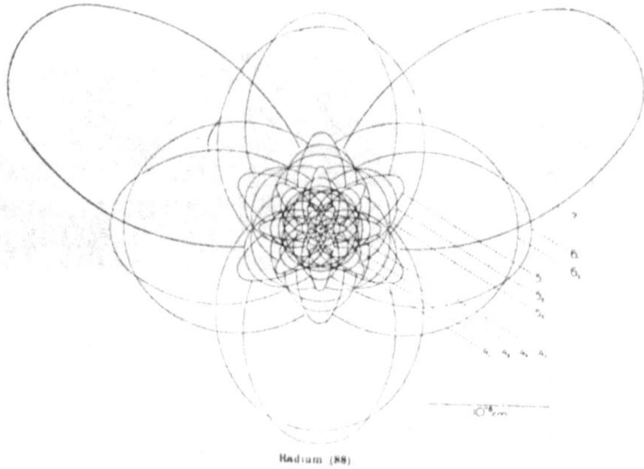

Fig. 17. Die Bahnen der 88 Planetelektronen um den Kern eines Radiumatoms nach Bohrs Theorie.

gehoben wurde, haben sie aber in chemischer Hinsicht identische Eigenschaften und auch ganz gleiche Spektren, abgesehen von gewissen, kaum meßbaren Unterschieden.

Während des letzten Jahrzehnts behandelten die meisten Arbeiten der Atomphysik die äußeren Regionen der Atome und führten zu allgemeinen Vorstellungen über die Gruppierung der Bahnen, in welchen die Elektronen, die Planeten des Mikrokosmos, ihre Sonne, d. h. den Atomkern umkreisen.

Ein schematisches Bild der 88 Elektronenbahnen eines Radiumatoms nach der Bohrschen Theorie ist in Fig. 17 wiedergegeben. Der kleine Punkt in der Mitte, obwohl in der Figur kaum sichtbar, gibt nichtsdestoweniger eine sehr übertriebene Vorstellung von der Größe des Atomkerns im Verhältnis zu den äußeren Dimensionen des Atoms (die Länge der Strecke, welche in der Figur zu unterst rechts zu sehen ist, entspricht einem hundertmillionstel Zentimeter).

Durch verschiedene Eingriffe kann man das Gleichgewicht dieses Planetensystems stören, ein oder mehrere Elektronen aus ihrer Bahn werfen und sie sogar ganz von dem Atom trennen, worauf dieses dann als ein- oder mehrwertiges, positives Atomion zurückbleibt. Aber früher oder später werden diese verlorenen Elektronen durch andere ersetzt, welche von außen eingefangen werden, und das Atom erlangt wieder seinen normalen, elektrisch neutralen Zustand. Welchen Veränderungen man die Elektronenhülle des Atoms auch unterwirft, seine Individualität wird dadurch nicht beeinflußt, alle derartigen Veränderungen gleichen sich wieder aus, oder, wie man sagt, sind reversibel. Nur durch Einwirkung auf den Atomkern, durch Änderung seiner elektrischen Ladung, kann eine wirkliche Elementverwandlung erreicht werden. Dies geschieht beim radioaktiven Zerfall von selbst, da die ausgeschleuderten Alpha- und Betateilchen dem Kern entstammen. Auf künstlichem Wege kann dies nur zu Stande kommen, indem man den Kern einer solchen Beanspruchung aussetzt, daß er zersplittert; ein Vorgang, den man als Atomzertrümmerung bezeichnet.

Die H-Strahlen.

Wenn ein Billardspieler durch einen geraden Stoß mit der Queue die rote Kugel mit der weißen genau in die Mitte trifft, so bleibt die weiße ohne Bewegung liegen, während die rote mit derselben Geschwindigkeit weiterrollt, welche die weiße Kugel vor der Berührung hatte. Das tritt jedoch nur unter der Voraussetzung ein, die für Billardbälle gilt, nämlich, daß sie gleich schwer sind, dieselbe träge Masse haben. Wenn die rote Kugel stattdessen viel schwerer als die weiße wäre, so würde sie fast gar nicht in Bewegung kommen, währenddem die weiße wie von einer Wand zurückprallen würde. Wäre aber andererseits die rote Kugel viel leichter als die weiße, so würde sie dementsprechend in eine schnellere Bewegung versetzt werden, als die weiße hatte und diese würde nicht zum Stillstand kommen, sondern weiterrollen, wenn auch langsamer als vor dem Zusammenstoß.

Denken wir uns die Kugeln eines Billardspiels einige billionenmal verkleinert, so würde ihre Größe ungefähr derjenigen der Atomkerne gleich sein. Nehmen wir an, der weiße Ball wäre ein Alphateilchen, d. h. ein Heliumkern, welcher durch Zerfall eines radioaktiven Atoms in Bewegung gesetzt worden wäre. Die rote Kugel ist der Kern eines anderen Atoms, der vom Alphapartikel ins Zentrum getroffen wird. Die Masse der meisten Atomarten ist mehrmals größer als die des Alphateilchens und die Folge eines Stoßes gegen ein solches Atom ist deshalb das Abprallen des Alphateilchens fast wie von einer Wand, während der getroffene Kern in eine relativ langsame Bewegung gerät. Nehmen wir aber an, daß der getroffene Kern einem Wasserstoffatom angehört, dessen Masse viermal kleiner als diejenige des Alphateilchens ist. Das Resultat muß dann dasselbe sein wie bei dem zweiten oben angeführten Beispiel des Billardspiels mit verschieden schweren Kugeln. Der leichte Wasserstoffkern muß eine bedeutend schnellere Bewegung als die Eigengeschwindigkeit des Alphateilchens bekommen, nach Berechnungen eine um 60 % größere. Er muß auch in verstärktem Maße die Eigenschaft des Alphateilchens erwerben, geradlinig, die begegnenden Atome durchbohrend, weiterfliegen zu können. Als Folge eines Kerntreffers zwischen einem schnellen Alphateilchen und einem Wasserstoffatom muß demnach ein schnell fliegender Wasserstoffkern mit großer Reichweite entstehen, ein sogenannter H-Strahl (H = das chemische Zeichen für Wasserstoff, Hydrogenium).

Diese hier geschilderte Folgerung aus der Rutherfordschen Kerntheorie, auf ein Billardspiel mit Atomen angewendet, wurde von einem seiner Mitarbeiter gezogen, C. G. Darwin, einem Enkel des grossen Verkünders der Entwicklungslehre. Er konnte auf Grund der Bohrschen Formel für das Durchdringungsvermögen der schnellen Teilchen berechnen, daß solche gerade vorwärtsgeschleuderten Wasserstoffkerne in Luft eine viermal größere Reichweite haben müßten als die Alphateilchen, welche sie in Bewegung setzen.

Die Voraussage Darwins wurde durch Versuche eines anderen Mitarbeiters von Rutherford, Marsden, bekräftigt, dessen zusammen mit Geiger ausgeführte Nachprüfung der Kernhypothese schon erwähnt wurde. Marsden konnte, indem er Millionen schneller Alphateilchen von einem starken radioaktiven Präparat in zusammengepreßtes Wasserstoffgas und später in eine stark wasserstoffhaltige feste Verbindung[1]) (in Paraffin), hereinschoß, einzelne Wasserstoffkerne herausschleudern. Diese waren so durchdringend, daß sie mit Hilfe der Szintillationsmethode noch wahrgenommen werden konnten, nachdem sie durch Glimmerblätter hindurchgegangen waren, welche einer Luftstrecke von beinahe 30 Zentimetern entsprechen. Die für den Versuch angewendeten Alphateilchen wurden von einem nur ein Viertel so dicken Glimmer vollständig zurückgehalten. Das Verhältnis der Reichweite 4:1 stimmte also mit den Vorausberechnungen Darwins überein.

In Übereinstimmung mit der kleineren Masse des Wasserstoffkerns konnte man erwarten, daß sich die Wirkungen der H-Teilchen in verschiedener Hinsicht schwächer erweisen würden als diejenigen

---

[1]) Für alle Vorgänge, welche die Atomkerne betreffen, ist es vollkommen gleichgültig ob das in Frage kommende Atom frei oder chemisch gebunden ist.

der Alphateilchen. Das war auch der Fall. Wie die Alphateilchen verursachen auch die H-Teilchen beim Auftreffen auf einem Zinksulfidschirm Lichtblitze, aber diese Szintillationen, welche Marsden beobachtete, sind bedeutend schwächer als diejenigen der Alphateilchen und dementsprechend auch schwerer zu sehen. Ebenso ist das Ionisierungsvermögen der Wasserstoffstrahlen und deren Einwirkung auf photographische Platten schwächer als bei den Alphastrahlen, wie aus dem Folgenden ersichtlich ist. Ferner bedeutet das seltene Auftreten der H-Strahlen eine weitere Erschwerung der Versuche. Marsden fand nämlich, daß er hunderttausend Alphapartikel durch eine zentimeterdicke Schicht von Wasserstoffgas gewöhnlicher Dichte schießen müßte, um ein einziges schnelles Wasserstoffteilchen herausschlagen zu können. Diese minimale Treffwahrscheinlichkeit zeugt von der geringen Ausdehnung sowohl des Alphateilchens als auch des Wasserstoffatomkerns.

Eine einfache Art der Erzeugung „natürlicher "Wasserstoffstrahlen[1]), welche im Radiuminstitut angewendet wird, ist folgende: ein kleines Silber- oder Nickelplättchen wird mit dem stark radioaktiven Stoff Polonium belegt, welcher ganz reine Alphastrahlen, die in Luft kaum 4 cm reichen, aussendet. Mit einem Mikrotom (wie es die Biologen benützen, um aus tierischen oder pflanzlichen Geweben dünne, zur Mikroskopierung geeignete Schnitte zu schneiden) wird ein wenige hundertstel Millimeter dickes Scheibchen aus festem Paraffin, eine sehr wasserstoffreiche Verbindung, geschnitten und an einem dünnen Glimmerblättchen befestigt. Dessen Dicke muß so groß sein, daß es allein für sich im Stande ist alle Alphateilchen des Poloniumpräparates zurückzuhalten. Legt man dieses Blättchen mit der Paraffinschicht nach unten auf das Poloniumpräparat, so müssen die von letzterem ausgesendeten Alphateilchen größtenteils in das Paraffin mit voller Kraft hereinschlagen, sitzen aber dann im Glimmerblatt fest. Hingegen werden einige Wasserstoffatomkerne, welche in der Paraffinschicht von Alphateilchen getroffen werden, in so schnelle Bewegung versetzt, daß sie sowohl das Paraffin als das Glimmerblättchen durchdringen können und noch genügend Geschwindigkeit besitzen um auf einem über dem Glimmer befestigten Zinksulfidschirm sichtbare Szintillationen hervorzurufen.

Das in der Fig. 18 in Vertikalschnitt wiedergegebene „H-Spinthariskop" erlaubt die Beobachtung der Szintillationen von

[1]) Man bezeichnet die durch einfache Stoßwirkung in Bewegung versetzten Wasserstoffkerne aus alpha-bestrahltem Wasserstoff oder aus Wasserstoffverbindungen als „natürliche" (H-Teilchen), zum Unterschied von den durch Atomzertrümmerung aus Atomkernen anderer Grundstoffe losgelösten Wasserstoffkernen.

H-Teilchen, welche aus einer solchen Strahlungsquelle stammen, abwechselnd mit Szintillationen von Alphateilchen aus einem schwachen Poloniumpräparat. Beide Strahlungsquellen sind auf einem beweglichen fächerförmigen Träger aus Messingblech befestigt und können durch Verschiebung des kleinen Stiftes *S* nach der einen oder der anderen Richtung vor den Szintillationsschirm *Z* gebracht werden. Nachdem man etwa 10 Minuten in vollständigem Dunkel die Augen ausgeruht hat, kann man mit diesem Apparat die nadelstichfeinen, von den H-Teilchen hervorgerufenen Lichtblitze durch ein geeignetes Mikroskop beobachten und mit den viel größer und

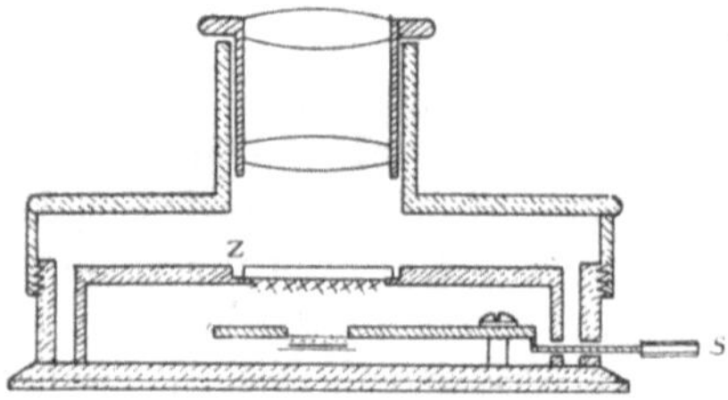

Fig. 18. Vertikalschnitt durch ein H-Spinthariskop.

Fig. 19. Photographien der Bahnspuren von natürlichen H-Teilchen aus Paraffin.

heller erscheinenden Alphateilchen vergleichen, d. h. das Billardspiel mit Atomkernen sichtbar machen.

Man beobachtet somit eigentlich nur den Endpunkt der Flugbahn von jedem Geschosse aus der Atomwelt. Mit einer Abänderung der schon erwähnten Wilsonmethode lassen sich aber auch die ganzen Bahnen oder wenigstens ein beträchtlicher Teil davon als Nebelstrahlen sichtbar machen. In Fig. 19 sind einige Aufnahmen von solchen Bahnspuren von natürlichen H-Teilchen wiedergegeben, welche aus einer dünnwandigen, mit dünnstem Paraffin innen ausgekleideten und ein nadelspitzförmiges Poloniumpräparat enthaltenden Glaskapillare radiell hinausfliegen. Die dafür verwendete Wilsonanordnung soll in einem folgenden Kapitel dieses Buches näher beschrieben werden.

Für Untersuchungen über die physikalische Natur der H-Strahlen sind solche Strahlungsquellen Polonium–Paraffin–Glimmer sehr gut verwendbar. Sie sind nämlich frei von den durchdringenden Beta- und Gammastrahlen, welche von Ra C und Th C ausgesendet werden und die Beobachtungen in vieler Hinsicht erschweren.

Die H-Strahlen sind jedoch unter allen Umständen sehr selten, da man, auch mit vollständiger Ausnützung der Schlagkraft der Alphateilchen in dickem Paraffin, nicht damit rechnen kann, mehr als etwa hundert schnelle Wasserstoffstrahlen für jede Million verbrauchter Alphamunition, zu erhalten. Sie sind aber von sehr großem Interesse, da sie neben den negativen Elektronen die allerelementarsten Bausteine der Materie darstellen und dazu eine Bewegungsenergie besitzen, welche durch ihre Konzentration sogar diejenige der Alphateilchen übertrifft. In dieser Hinsicht stehen sie nur hinter *den* Wasserstoffstrahlen zurück, die zuerst von Rutherford aus den Atomkernen gewisser Grundstoffe herausgesprengt werden konnten.

Die Entdeckung der Atomzertrümmerung.

„Suchet, so werdet Ihr finden — etwas ganz anderes, als Ihr sucht", lautet ein Erfahrungssatz des praktischen Lebens, welcher nicht selten von dem Forscher, dem Sucher von Beruf, bestätigt wird. Die beiden Entdeckungen Röntgens und Becquerels, welche die Materienerforschung in ganz neue Bahnen lenkten, wurden beide gewissermaßen durch Zufall gemacht und dasselbe kann man auch von der dritten und vielleicht größten Entdeckung in diesem an Umwälzungen so reichen Zeitabschnitt der Forschung sagen, nämlich von Rutherfords erster Beobachtung der Atomzertrümmerung.

Seitdem Marsden durch seine Versuche die von Darwin vorausgesagte Entstehung natürlicher H-Teilchen beim Kernzusammenstoß zwischen schnellen Alphateilchen und Wasserstoffatomen bestätigt hatte, lag es nahe, zu untersuchen, ob ähnliche, durch Stoßwirkung in Bewegung versetzte Kerne von anderen, leichten Elementen auch beobachtet werden könnten. Rutherford selbst nahm diesen Versuch auf, ließ die intensive Alphastrahlung eines kräftigen Radium C-Präparates in Stickstoff, Sauerstoff, Luft oder Kohlensäure eindringen und suchte außerhalb der Reichweite der bombardierenden Alphateilchen (7 cm) nach Szintillationen. Er fand auch eine geringe Anzahl solcher Partikel die erst nach Durchsetzen einer Schicht von 9 cm Luftäquivalent verschwanden. Er glaubte zuerst es mit Sauerstoff- oder Stickstoffatomen zu tun zu haben, die eine einfache Ladung trugen und durch einen Kerntreffer in Bewegung versetzt worden waren, auf dieselbe Weise wie die H-Strahlen. Anfangs schienen Kontrollversuche diese Auffassung zu bestätigen, welche auch durch die Berechnungen der theoretischen Reichweite nach derselben Bohrschen Formel, die Darwin für Wasserstoffteilchen verwendet hatte, eine Stütze fand. Spätere Versuche Rutherfords konnten indessen nicht mit dieser Erklärung in Einklang gebracht werden, und schließlich hat er selbst bewiesen, daß diese Teilchen von 9 cm Reichweite eine Art außergewöhnlich weitreichende Alphateilchen aus der Strahlenquelle, Radium C, sind, die einer früher unbekannten Abart seines radioaktiven Zerfalls entstammen.

Aber nebst diesen Teilchen, welche außerhalb der Reichweite von 9 cm aufhörten, fand Rutherford bei Versuchen mit Luft unter intensiver Alphabestrahlung, eine geringe Anzahl Teilchen mit einem bedeutend größeren Durchdringungsvermögen, welche sich durch lichtschwache Szintillationen verrieten, gleich denen die Marsden bei den H-Strahlen aus Wasserstoff beobachtet hatte. Es lag nahe anzunehmen, daß diese Teilchen wirklich natürliche H-Teilchen seien, aus einer Spur Feuchtigkeit oder Wasserstoff in der durchstrahlten Luft stammend, also durch reine Stoßwirkung in Bewegung versetzte freie Wasserstoffkerne. Alle Bemühungen, durch sorgfältiges Trocknen der Luft im Versuchsgefäß, die vermutete Verunreinigung zu entfernen, mißlangen, und als nun anstatt Luft, welche zu 80 % aus Stickstoff besteht, dieses Gas in reiner Form der Bestrahlung ausgesetzt wurde, nahmen die weitreichenden Teilchen an Zahl in demselben Verhältnis zu, wie der Stickstoffgehalt, nämlich 100:80. Damit war es Rutherford klar, daß die betreffenden Teilchen aus dem Stickstoff selbst stammen mußten, und er wagte es (1919) die kühne Annahme auszusprechen, daß es *Atomfragmente* seien, und zwar Wasserstoffkerne, die infolge des Zusammenstoßes der Stickstoffkerne mit schnellen Alphateilchen aus ersteren herausgeschlagen würden. Die schwachen Lichtblitze die er auf dem Szintillationsschirm außerhalb der Reichweite des Alphabombardements zählte, sollten also die ersten beobachteten Produkte einer Elementverwandlung sein, einer Transmutation, welche durch die gewaltige Schlagkraft der Alphateilchen erreicht wurde, aber nur in den äußerst seltenen Fällen, in denen eines unter ihnen ein Stickstoffatom direkt in den Kern traf. Von Sauerstoff und Kohlensäure konnten keine solchen Teilchen beobachtet werden, Stickstoff war anfangs das einzige Element, welches sich als sprengbar erwies.

Diese Entdeckung Rutherfords, vielleicht die größte in seiner ganzen glänzenden Forscherlaufbahn, erregte in der wissenschaftlichen Welt außerordentliches Aufsehen. Sicher wäre sie nicht mit solchem Vertrauen aufgenommen worden, wenn sie nicht gerade von seiner einzig dastehenden Autorität gestützt worden wäre. Und trotzdem schien es sogar unter den Bewunderern des großen Atomforschers vielen zu gewagt, in einigen wenigen schwachen Lichtblitzen, beobachtet auf einem Szintillationsschirm, in der Nähe eines millionenmal stärkeren Bombardements von Alphateilchen, die Verwirklichung des Traumes vergangener Jahrhunderte zu sehen, sowie die Bestätigung der Proutschen Hypothese und den Beginn der Verschmelzung der Chemie und Physik zu einer neuen Wissenschaft, die sich als letztes Ziel die Erforschung der Struktur des Atomkerns und die künstliche Zerlegung dieser Gebilde gesetzt hat. Aber weitere Versuche von Rutherford, zusammen mit seinem Schüler J. Chadwick, bewiesen bald, daß er abermals richtig gesehen hatte.

Versuche über die magnetische Ablenkbarkeit der weitreichenden Teilchen aus deren sonst geraden Flugbahn zeigten, daß sich diese tatsächlich ablenken lassen, und zwar nach derselben Seite und in einem Grad, der innerhalb der Fehlergrenzen denjenigen der natürlichen H-Teilchen gleichkommt. Weiter ließ sich feststellen, daß die Reichweite der vermuteten Atomtrümmer sogar diejenige der schnellsten natürlichen H-Teilchen übertrifft. Alphateilchen aus Radium C, welche bekanntermaßen eine Reichweite von 7 cm in Luft besitzen und in Wasserstoff natürliche H-Teilchen mit einer Reichweite von höchstens 30 cm erzeugen können, sind im Stande aus reinem Stickstoff noch schnellere H-Teilchen von 42 cm Reichweite herauszuschleudern. Aber außerdem zeigte es sich noch, daß einige weitere Grundstoffe, welche zuerst auf die neue Erscheinung mit negativem Ergebnis untersucht wurden, bei günstigeren Versuchsbedingungen auch H-Teilchen mit noch größerer Reichweite als Stickstoff aussenden können. Diese Grundstoffe haben ebenso wie Stickstoff ein relativ geringes Atomgewicht, es sind dies Bor, Fluor, Natrium, Aluminium und Phosphor. Unter diesen zeichnet sich besonders Aluminium durch die Zahl sowie auch durch die große Reichweite der ausgeschleuderten Wasserstoffteilchen aus, denn einige von diesen konnten noch beobachtet werden, nachdem in ihren Weg absorbierende Blättchen von 90 cm „Luftäquivalent" eingeschaltet worden waren. Immerhin war die Ausbeute an Atomfragmenten äußerst gering. Von jeder Million Alphateilchen die auf eine Zielscheibe aus Aluminium auftrafen, wurden durchschnittlich nur zwei H-Teilchen mit einer Reichweite von über 30 cm freigemacht.

Figur 20 zeigt den einfachen Apparat, der bei diesen Versuchen verwendet wurde. Die Hülle besteht aus einem Messingrohr von 3 cm Durchmesser, welches an beiden Enden geschlossen, seitwärts mit Zuleitungsrohren versehen ist, durch welche das zu untersuchende Gas in den Apparat ein- und ausströmt. Durch das eine Ende des Rohres kann ein Messingstab vor- und zurückgeschoben werden, an welchem eine kleine Scheibe Q, mit der Strahlungsquelle Ra C belegt, befestigt ist. Sollen feste Substanzen untersucht werden, so wird unmittelbar vor Q ein dünnes Goldblättchen angebracht, auf dessen gegen Q gerichteter Fläche sich die zu untersuchende Substanz befindet. Das gegenüberliegende Ende des Messingrohres ist mit einem in der Mitte durchbohrten Deckel geschlossen. Das Loch ist mit einem dünnen Glimmerblättchen zugedeckt, vor dem sich in nächster Nähe der Zinksulfidschirm Z befindet, auf welchem die Szintillationen mittels des Mikroskops M beobachtet werden. Zwischen dem Glimmerblatt, welches den Apparat verschließt und dem Schirm, können in den Weg der untersuchten Teilchen dünne Metall- oder Glimmerblättchen von bekanntem Bremsvermögen eingeschaltet werden. Indem man auf diese Weise die Absorption erhöht, läßt sich die Reichweite der Teilchen untersuchen und eine sogannnte Absorptionskurve aufzeichnen, welche veranschaulicht, wie die Zahl der beobachteten Teilchen abnimmt, wenn die Absorption in ihrem Weg zunimmt.

Da die Aktivität der Strahlungsquelle Radium C während des Versuches nach dem entsprechenden Zerfallsgesetz ständig abnimmt,

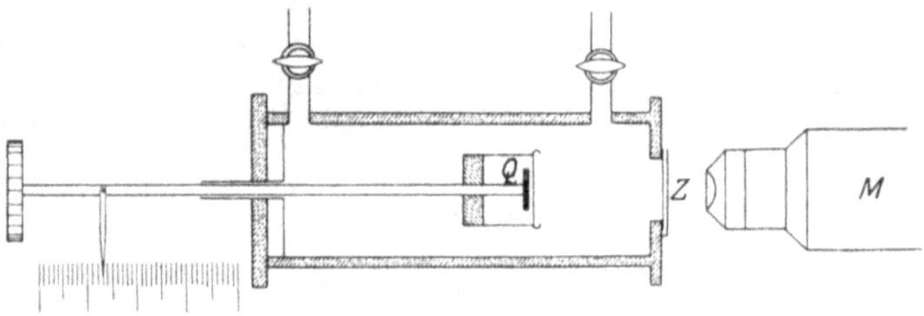

Fig. 20. Rutherfords Atomzertrümmerungsapparat.

werden die Messungen mit einem immer schwächer werdenden Alphabombardement ausgeführt. Um diesem Umstand in gewissem Grad abzuhelfen, ist die Strahlungsquelle verschiebbar und kann dem Zinksulfidschirm in etwa dem gleichen Maße genähert werden, als die Strahlung schwächer wird, so daß die Ausbeute an Partikeln sich im Laufe einer Versuchsreihe einigermaßen gleich bleibt. Man muß aber immerhin mit Rücksicht auf dieses Abnehmen der Strahlungsintensität und auf die veränderte Lage der Strahlungsquelle das Resultat auf konstante Bedingungen umrechnen, wie sie herrschen würden, wenn das Alphabombardement die ganze Zeit gleich stark und die Lage unverändert wäre.

Außer den sechs Elementen, die zertrümmerbar befunden wurden, sind auch eine beträchtliche Anzahl anderer Elemente mit demselben Apparat untersucht worden, aber durchgehends mit negativem Resultat. Keine merkliche Zahl von H-Teilchen mit einer größeren Reichweite als 30 cm in Luft konnte dabei beobachtet werden. Innerhalb dieser Grenze lohnte es sich meist nicht eine Prüfung vorzunehmen, da man dabei das Auftreten von natürlichen H-Teilchen hätte befürchten müssen, deren maximale Reichweite ungefähr an dieser Grenze liegt. Aus diesen negativen Ergebnissen mit anderen Elementen schlossen Rutherford und Chadwick, daß nur die sechs genannten Grundstoffe zertrümmerbar sind, und sie vermuteten, dies hänge mit einer besonderen Struktur zusammen, welche deren Atomkerne besitzen und welche bei den übrigen untersuchten Elementen nicht vorhanden ist. Sie nahmen nämlich an, daß das losgelöste H-Teilchen vor der Zertrümerung außerhalb der Hauptmasse des Atomkerns, dem es angehörte, gebunden ist, denselben wie eine Art „Wasserstoff-Satellit" umkreisend. Das zertrümmerte Alphateilchen

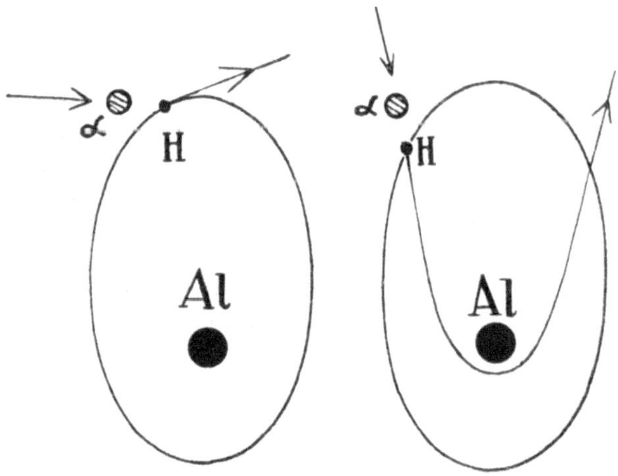

Fig. 21. Die Zertrümmerung des Aluminiumkernes nach Rutherfords Satellithypothese.

sollte direkt auf diesen Satellit stoßen, und ihm je nach seiner Lage in der Bahn um den Kern, eine vorwärts- oder rückwärtsfliegende Richtung geben, wie das aus Rutherfords und Chadwicks Abhandlung genommene Bild auf Fig. 21 verdeutlicht. Nur die sechs sprengbaren Elemente sollten mit einem solchen, für das sich nähernde Alphateilchen erreichbaren Wasserstoff-Satelliten versehen sein. Von den übrigen, als nicht zertrümmerbar geltenden Grundstoffen, sollte entweder überhaupt keiner einen solchen Satelliten besitzen, oder es müßte sich dieser in so unmittelbarer Nähe des Kerns bewegen, daß ein Alphateilchen ihn nicht erreichen könnte. Die Folgerung, die man auf Grund dieser Annahmen machte, gab offenbar wenig Aussicht auf eine mit Erfolg durchführbare Zertrümmerung der Atome anderer Grundstoffe. Rutherford und Chadwick glaubten auch, daß man dies nur mit noch schnelleren Alphateilchen als den benützten (Thorium C-Teilchen mit 8,6 cm Reichweite) erreichen könnte. Da es aber solche nicht gibt, so schien die Sprengbarkeit praktisch genommen eine Ausnahmseigenschaft jener sechs Elemente zu sein, bei denen man eine Verwandlung nachgewiesen hatte.

Solche hier geschilderte Atomzertrümmerungsversuche bieten große technische Schwierigkeiten und leiden an zahlreichen Fehlerquellen. Teils müssen die verwendeten alphastrahlenden Präparate sehr stark sein, nämlich zu Beginn der Messung einigen Zentigrammen Radium entsprechend. Es ist nicht ganz leicht so starke Strahlenquellen herzustellen und außerdem kann die geringste Spur eines radioaktiven Materials, fest oder gasförmig, die während des Versuchs von der Strahlenquelle sich loslöst und andere Teile des Apparates erreicht, sog. „radioaktive Verseuchung", eine unbeabsichtigte Alphastrahlung erzeugen, die auf dem Zinksulfidschirm auftreffend das Resultat der Messungen verfälscht. Weiter geht bekanntermaßen von dem Ra C-Präparat außer der Alphastrahlung auch eine starke Beta- und Gammastrahlung aus, welch letztere in dem Zinksulfid ein diffuses Leuchten hervorrufen. Gegen diesen leuchtenden Hintergrund kann man aber die lichtschwachen Szintillationen der H-Teilchen schwer beobachten und da das Leuchten in demselben Maß abnimmt als die Stärke des Präparats, so arbeitet man im Verlauf eines Versuchs unter veränderlichen Sichtbarkeitsbedingungen. Die Betastrahlung kann zwar durch Anbringen des gesamten Apparats in einem starken Magnetfeld abgelenkt werden, ehe sie den Schirm erreicht, jedoch bleibt die Gammastrahlung übrig. Schließlich erfordert das Zählen der schwachen Lichtblitze, wie sie H-Teilchen erzeugen, an und für sich gute, im Dunkeln vollständig ausgeruhte Augen. Bei längeren Versuchsreihen stellen sich leicht Ermüdungserscheinungen ein, welche eine Unterbrechung der Beobachtungen nötig machen.

Die Verbesserungen der Technik des Szintillationenzählens waren die Hauptbedingungen zur Weiterführung dieser Untersuchungen, und sowohl in Cambridge als auch in Wien wurde in dieser Hinsicht ununterbrochen gearbeitet. Nichtsdestoweniger leidet diese Untersuchungsmethode noch immer an gewissen Schwächen, auf die zweifelsohne die noch bestehenden Unterschiede zwischen den Ergebnissen dieser beiden Forschungsstellen zurückzuführen sind.

Fortsetzung der Atomzertrümmerungsversuche in Cambridge und in Wien.

Die aus radioaktiven Stoffen kommenden Alphateilchen besitzen eine genau bestimmte Anfangsgeschwindigkeit und eine dementsprechend scharf definierte Reichweite. Hingegen haben die H-

Teilchen aus dem zertrümmerten Element sehr verschiedene Reichweiten; wenn die Absorption in ihrem Weg allmählich erhöht wird, so wird die Zahl der beobachteten Teilchen kleiner, bis sie schließlich so klein ist, daß sie nicht mehr bestimmt werden kann. Die Reichweitenunterschiede der Atomfragmente werden am einfachsten durch eine Absorptionskurve veranschaulicht. Längs der einen von zwei zueinander rechtwinkligen Achsen wird eine Strecke aufgetragen, welche der Zahl der sichtbaren Teilchen entspricht, die man noch sieht, nachdem ein Glimmerblatt bekannter Absorption vor den Szintillationsschirm eingeschaltet worden ist. Längs der anderen Achse wird eine Strecke aufgetragen, die diesen Wert der Absorption

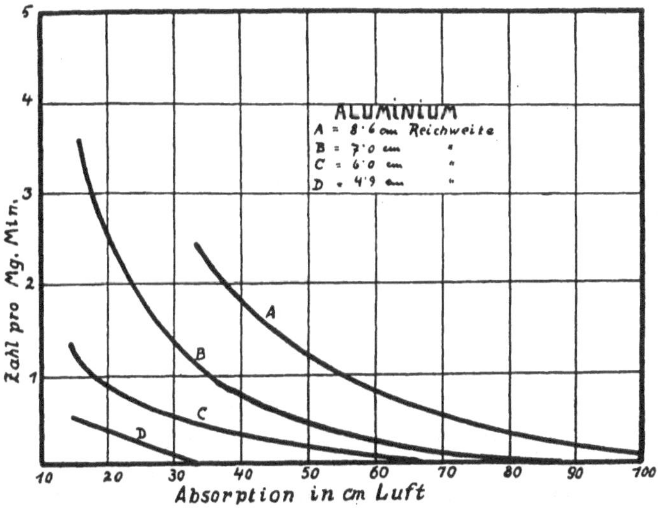

Fig. 22. Absorptionskurven für H-Teilchen aus Aluminium, erregt durch Alphateilchen verschiedener Reichweite.

in Zentimetern Luft bedeutet. Durch die so bestimmten, aus den Messungen bei einer Versuchsserie erhaltenen, Punkte wird eine Kurve gezogen. Mehrere solcher Kurven, ausgeführt nach den Versuchsergebnissen Rutherfords und Chadwicks über die Zertrümmerung von Aluminiumatomen mittels Alphateilchen verschiedener Geschwindigkeit, sind auf Fig. 22 zu sehen. Die Ergebnisse jeder Versuchsreihe mit Alphateilchen einer gewissen Reichweite werden durch eine Kurve dargestellt, welche anzeigt, wie die Zahl der erzeugten H-Teilchen mit in ihrem Weg vermehrter Absorption abnimmt.

Aus der Figur geht hervor, daß man die weitreichendsten Atomtrümmer durch Beschießung mit den schnellsten Alphateilchen erhielt. So konnte man mit Alphateilchen einer Reichweite von 8,6 cm

(Kurve A), einzelne Atomtrümmer noch beobachten, wenn Glimmer von einer Dicke, die 90 cm Luft entspricht, vor den Szintillationsschirm eingeführt wurde. Mit Alphateilchen von einer Reichweite von 6 cm war die größte Absorption, bei welcher noch Atomtrümmer beobachtet werden konnten, 60 cm (Kurve C), während dem mit Alphateilchen von 49 cm Reichweite überhaupt keine Atomtrümmer mit einer 30 cm übersteigenden Reichweite, gezählt werden konnten, eine untere Grenze der Absorption, die durch die Versuchsbedingungen gegeben war.

Sämtliche Kurven zeigen indessen eine Steigung gegen kleinere Absorptionen, mit anderen Worten, die Zahl der H-Teilchen geringer Reichweite ist relativ am größten. So scheint man zur Annahme berechtigt, daß ein fortgesetzter Zuwachs an Zahl der Atomfragmente zu erwarten wäre, wenn es gelänge, die Beobachtungen auf H-Teilchen zu erstrecken, die eine noch kürzere Reichweite besitzen, als die untere Grenze bei den Cambridger Versuchen. Vielleicht würde es sich dann zeigen, daß Elemente, die bisher als unzertrümmerbar galten, nur einen Mangel an *schnellen* Atomfragmenten zeigen, dagegen aber solche mit überwiegend kurzer Reichweite auszusenden vermögen.

Dies war der leitende Gedanke bei den Versuchen, welche der Verfasser zusammen mit Dr. Gerhard Kirsch im Jahre 1922 im Institut für Radiumforschung in Wien unternahm, und er wurde zu einer Richtschnur für die folgenden, mit einer wachsenden Zahl von Mitarbeitern, ausgeführten Versuche. Den direkten Anstoß zu der Arbeit auf diesem Gebiet gab eine vom Verfasser zu anderen Zwecken entwickelte Methode für die Herstellung starker Radium C-Präparate, welche die am meisten benützte Strahlungsquelle bei den Cambridger Atomzertrümmerungsversuchen ist.

Die schon öfters genannte Komplikation, seitens der „natürlichen", d. h. durch einfache Stoßwirkung in Bewegung versetzten, H-Teilchen aus wasserstoffhaltigen Verbindungen, hatte Rutherford und Chadwick davon abgehalten nach H-Teilchen aus zertrümmerten Grundstoffen mit kleinerer Reichweite als 30 cm in Luft zu suchen. Die Reichweite dieser natürlichen H-Teilchen beträgt nämlich beinahe 30 cm, wenn Alphateilchen aus Radium C zur Beschießung verwendet werden. H-Teilchen, welche innerhalb dieser Grenze beobachtet wurden, konnten deshalb, so wie der Versuch angeordnet war, nicht mit Sicherheit als von zertrümmerten Atomen stammend erkannt werden.

Die ersten Versuche in Wien wurden deshalb nach folgender Methode ausgeführt, welche natürliche H-Teilchen ausschloß und deshalb sichere Beobachtungen, ein gutes Stück innerhalb dieser Grenze der Reichweite, ermöglichte.

Ein Rohr aus geschmolzenem Quarz[1]) wurde in einer Sauerstoffflamme in eine sehr dünnwandige Kapillare ausgezogen. Ein ungefähr zwei Zentimeter langes Stück dieser Kapillare wurde innen über ihre halbe Länge mit der Substanz, welche untersucht werden sollte, bekleidet, meist in Pulverform, während dem man die andere Hälfte frei ließ. Das eine Ende der Kapillare wurde knapp an dem beschickten Teil zugeschmolzen und dann äußerst energisch durch Evakuieren und Erhitzen auf Rotglut getrocknet. Trockene und hochkonzentrierte Radiumemanation wurde durch das andere Ende der Kapillare eingeführt, welche sodann abgeschmolzen wurde. Die Emanation war somit in dem kleinen Quarzrohr luftdicht eingeschlossen, und die Substanz auf ihrer Innenfläche wurde einer intensiven Bestrahlung mit Alphateilchen ausgesetzt, die sowohl von der Emanation selbst, als auch von deren Abkömmlingen Ra A und C ausgeschleudert werden. Die Dicke der Quarzwand genügte, um alle Alphateilchen zurückzuhalten, hingegen konnten H-Teilchen mit wesentlich größerer Reichweite, 10—20 cm Luft entsprechend, hindurchdringen und als Szintillationen auf einem Zinksulfidschirm beobachtet werden.

Die Versuchsanordnung ist auf dem schematischen Bild in Fig. 23 ersichtlich; Q ist die Kapillare, deren mit Substanz bekleideter Teil schraffiert ist, Z ist der Zinksulfidschirm, vor welchen bei A Glimmerblätter verschiedener Dicke zur Bestimmung der Reichweite, eingeschoben werden konnten. M ist ein Mikroskop mit geringer Vergrößerung aber hoher Lichtstärke. Nach Rutherfords Vorbild war dieses Mikroskop mit einem reflektierenden Prisma versehen, wodurch es rechtwinklig gebogen konstruiert werden konnte. Der Zweck dieser Anordnung ist, zu verhindern, daß der Beobachter die kräftige Gammastrahlung aus dem Radium C in der Kapillare direkt in die Augen bekommt, wodurch sein Sehvermögen binnen kurzer Zeit geschwächt werden würde; bei dieser Anordnung kann man hingegen seinen Kopf mittels eingeschobenen Klötzen aus zentimeterdickem Blei (B_1—B_4 in der Figur) schützen. N in der Figur ist der eine Pol eines zur Ablenkung der β-Strahlung dienenden Elektromagnetes. Da geschmolzener Quarz bekanntlich keine Feuchtigkeit aufnimmt und da außerdem die Kapillare samt Inhalt auf die oben geschilderte Weise einer energischen Trocknungsprozedur unterworfen wurde, so ist das Vorkommen natürlicher H-Teilchen praktisch ausgeschlossen.

[1]) Durch Schmelzen von reinem Quarzsand entstandener glasklarer Quarz, ist durch seine vortrefflichen thermischen, chemischen und mechanischen Eigenschaften ein vorzügliches Material für physikalische Apparaturen. In der Sauerstoffflamme läßt er sich wie gewöhnliches Glas bearbeiten; sein Schmelzpunkt liegt bei etwa 1600°.

Außerdem dienten die Beobachtungen der Strahlung aus dem substanzfreien Teil der Kapillare als Kontrolle.

Mit Hilfe solcher Kapillaren wurden eine Anzahl Grundstoffe auf weitreichende H-Teilchen geprüft, über die Rutherford keine Messungen veröffentlicht hatte. Das Resultat war durchgehends negativ. Hingegen fand man überraschenderweise, daß von dem substanzfreien Teil einer ungewöhnlich dünnwandigen Quarzkapillare, und zwar von der dünnsten Stelle der Wand, eine relativ große Zahl von Szintillationen beobachtet wurden, vollkommen gleich denen, welche Atomtrümmer aus Aluminium oder natürliche H-Teilchen, aus mit

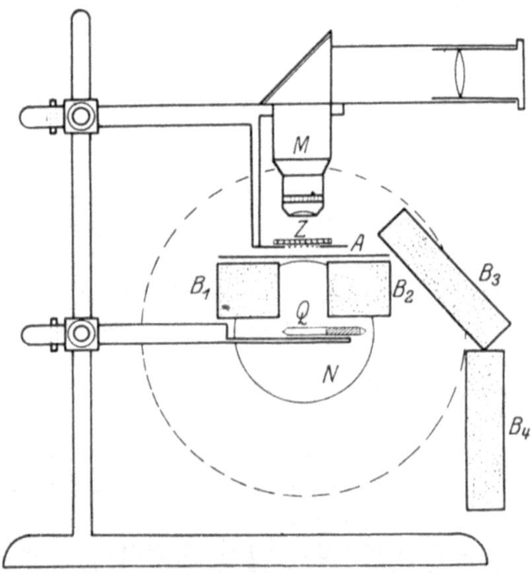

Fig. 23. Zählung der Atomtrümmer aus einer Emanationskapillare von geschmolzenem Quarz.

Alphateilchen bestrahltem Paraffin hervorrufen. Die totale Absorption in dem Weg dieser Partikeln war ungefähr gleich 12 cm Luft, und eine Vergrößerung dieser auf 17 cm, mittels eines zwischen Kapillare und Szintillationsschirm eingeführten Glimmerblättchens von 5 cm Luftäquivalent, hielt die Teilchen fast ganz zurück. Beide Grundstoffe aus denen Quarz besteht, Sauerstoff und Silizium, waren von Rutherford auf Atomfragmente bis zu einer Reichweite geprüft worden, die wesentlich tiefer lag als 30 cm, was sonst allgemein als untere Grenze galt. Sauerstoff wurde nämlich bis auf 10 cm Reichweite und Silizium bis auf 17 cm Reichweite untersucht und zwar beide Substanzen mit negativem Resultat. Da bei der Quarzkapillare natürliche Wasserstoffteilchen ausgeschlossen waren, sowohl durch die Versuchsbedingungen als auch wegen der weniger als 17 cm betragenden Reichweite, so blieb als einzige mögliche Erklärung der beobachteten Szintillationen die Annahme, daß sie von H-Teilchen aus zertrümmerten Siliziumatomen im Quarz mit einer Reichweite zwischen 12 und 17 cm erregt werden. Silizium muß also zu derselben Kategorie wie die oben genannten sechs Grundstoffe gerechnet werden, d. h. es ist unter Abgabe von H-Teilchen sprengbar.

Eine Folge dieses Ergebnisses war, daß Quarz nicht mehr als Unterlage zur Prüfung anderer Grundstoffe auf Atomfragmente verwendet werden konnte, jedenfalls nicht für Reichweiten von weniger als 17 cm, bei welchen H-Teilchen aus Silizium zu gewärtigen sind. Bei den weiteren Versuchen in Wien wurden deshalb anstatt Quarzkapillaren kleine trogförmige Behälter aus Messing verwendet, deren

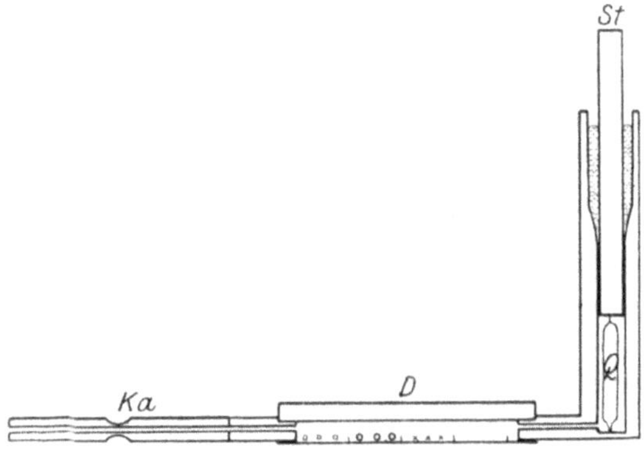

Fig. 24. Metallapparat für Atomzertrümmerungsversuche.

Boden aus äußerst dünnem Kupferblech bestand, Fig. 24. Die zu untersuchenden Substanzen wurden in dünnen Schichten in verschiedenen Abteilungen des Apparates auf dem Kupferblech ausgebreitet; der Behälter wurde nach energischer Trocknungsprozedur mit trockener Emanation durch Zerquetschen des emanationsgefüllten Glasröhrchens *Q* mit dem Stempel *St* gefüllt und luftdicht verschlossen durch Abschmelzen eines Zinnröhrchens *Ka*. Durch Abschirmung der Strahlung aus dem übrigen Teile des Behälters, konnten Teilchen aus je einer Abteilung für sich beobachtet werden.

Ebenso wie bei der Kapillare war eine der Abteilungen substanzfrei, so daß Kontrollversuche mit nur Kupferblech in der Bahn der Alphastrahlen gemacht werden konnten. Die wenigen dabei beobachteten Szintillationen, wurden von der Zahl jener, die aus den mit Substanz belegten Abteilungen stammten, abgezogen. Die Prüfung geschah übrigens ebenso wie bei den Kapillaren. Die Szintillationen der durch das Kupferblech dringenden Teilchen wurden gezählt, während verschieden stark absorbierende Blättchen aus Glimmer oder Metall von bekanntem Absorptionsvermögen in den Weg der Atomtrümmer eingeschaltet wurden.

Das Ergebnis der mit diesem Metallapparat ausgeführten Versuche bestätigte, daß Silizium, diesmal als Element untersucht, unter Abgabe von H-Teilchen zertrümmerbar ist. Außerdem zeigte sich auch, daß zwei weitere Grundstoffe, welche früher nicht zertrümmert werden konnten, H-Teilchen abgeben, nämlich Magnesium und Beryllium.

Die rechtwinklige Beobachtungsmethode.

Die oben besprochene Versuchsanordnung ermöglichte die Prüfung auf H-Teilchen bis herab auf eine Reichweite von ungefähr 12 cm in Luft, und die dadurch gewonnene Erweiterung des Gebietes für beobachtbare Atomtrümmer führte dazu, daß der Liste der sprengbaren Grundstoffe drei neue Elemente zugefügt werden konnten. Diesen eingeschlagenen Weg weiter zu verfolgen und sozusagen den Beobachtungsposten, den Zinksulfidschirm, noch näher an das beschossene Atom zu verlegen, schien die Hauptbedingung für weitere Fortschritte zu sein. Aber hier begegnete man gewissen Schwierigkeiten. Abgesehen von den Komplikationen durch die natürlichen H-Teilchen, welche wohl innerhalb gewisser Grenzen gehalten werden konnten, jedoch bei Verwendung von Metallen als Unterlage für die bestrahlten Substanzen nicht gänzlich zu umgehen waren, mußte die Alphastrahlung selbst durch ihre eigene Reichweite den Untersuchungen eine Grenze setzen, die mit Radium C als Strahlungsquelle bei 7 cm liegt. Das intensive Alphabombardement des Präparates, mit Projektilen, die zehn bis hunderttausendmal zahlreicher als die erzeugten Atomtrümmer sind, legt bei dieser Absorptionsgrenze eine Art „Sperrfeuer“, innerhalb welcher es hoffnungslos wäre nach den seltenen H-Teilchen aus zertrümmerten Kernen zu suchen.

Ein Ausweg aus den hier geschilderten Schwierigkeiten, der ein Vordringen bis zu einem noch kleineren Abstand von den zertrümmerten Atomen ermöglichen würde, so daß auch deren langsamer fliegenden Trümmer beobachtet werden könnten, war nur in einer Änderung der bisherigen Beobachtungsmethode zu finden. Die Versuche wurden bisher nach der sogenannten „direkten“ Methode durchgeführt, bei welcher die in der Richtung von der Strahlungsquelle zum Zinksulfidschirm fliegenden Fragmente beobachtet wurden. Durch eine Beobachtung der unter einem rechten Winkel gegen diese Richtung herausgeschleuderten Trümmer, wodurch das explodierende Atom sozusagen „um die Ecke“ beobachtet wird, konnten die

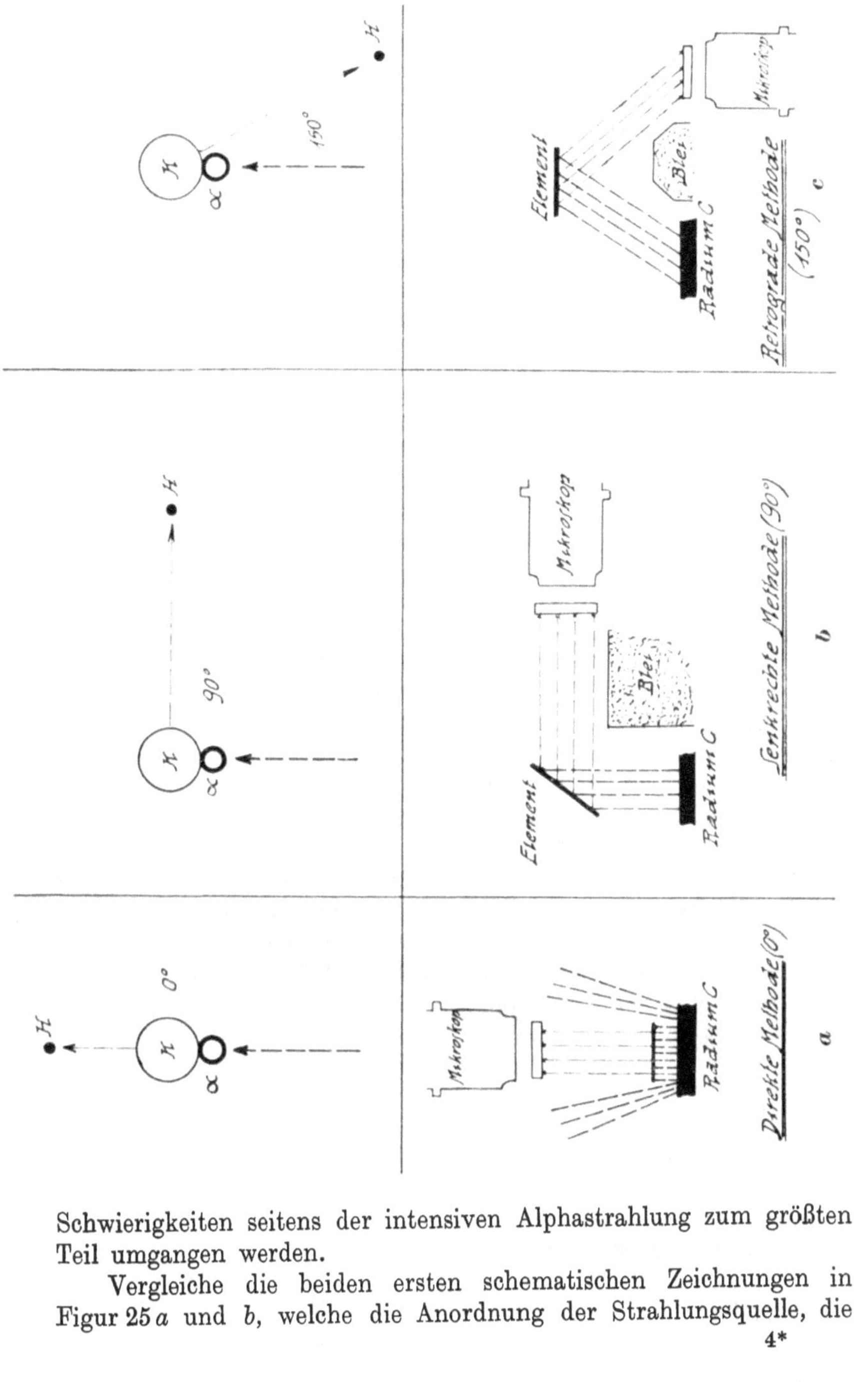

Fig. 25. Die drei Hauptmethoden zur Beobachtung der Atomtrümmer verschiedener Flugrichtung.

Schwierigkeiten seitens der intensiven Alphastrahlung zum größten Teil umgangen werden.

Vergleiche die beiden ersten schematischen Zeichnungen in Figur 25 *a* und *b*, welche die Anordnung der Strahlungsquelle, die beschossene Substanz und den Zinksulfidschirm veranschaulichen, auf Bild *a* bei der direkten, auf Bild *b* bei der rechtwinkligen Methode.

Ganz und gar können auf diese Weise die bombardierenden Alphateilchen nicht umgangen werden, wie Rutherfords Versuche und seine Kerntheorie zeigten; eine wenn auch geringe Anzahl wird durch Kerntreffer um Winkel von ungefähr 90° abgelenkt, so daß sie bis zum Szintillationsschirm gelangen können. In ähnlicher Weise können vereinzelte Gewehrkugeln bei einer Schießübung bisweilen vom Boden zurückprallen und die vom direkten Feuer geschützten Stellungen erreichen. Allerdings kann man die Zahl der um 90° abgelenkten Alphateilchen nach der Rutherford-Darwinschen Theorie berechnen. Diese Zahl ist sehr klein, besonders bei Bestrahlung von Elementen mit geringem Atomgewicht. Für die Methode viel wichtiger ist jedoch, daß die Alphateilchen gerade bei Treffern auf Kerne leichter Atome einen großen Teil ihrer Bewegungsenergie verlieren, welche auf den getroffenen Kern übergeht. Das Teilchen fliegt deshalb nach dem Stoß in der neuen Flugrichtung mit verminderter Geschwindigkeit und dementsprechend geringerer Reichweite. Nach den Voraussetzungen die dieser Theorie zu Grunde liegen, muß somit das Alphateilchen mit einer Reichweite von 7 cm, wenn es bei einem Kerntreffer auf ein Aluminiumatom im rechten Winkel zur Seite geschleudert wird, nach dem Stoß nur noch 4,5 cm weit fliegen können. Bei einem Stoß mit ebenso großer Ablenkung auf den Kern eines Kohlenstoffatoms wird die Reichweite sogar auf 2,5 cm verringert. Diese beiden Zahlen geben folglich die untere Grenze der Reichweite an, außerhalb welcher man nach der rechtwinkligen Methode Aluminium und Kohlenstoff auf Atomtrümmer untersuchen kann, ohne daß man von Alphateilchen aus der Strahlenquelle, welche durch Kerntreffer um 90° abgebogen werden, gestört wird.

Gerade gegenüber natürlichen H-Teilchen gibt die rechtwinklige Methode volle Garantien. Ebenso wie man mit einem Billardball nicht einen anderen Ball in eine senkrecht zur Stoßrichtung verlaufende Bewegung versetzen kann, so ist es auch unmöglich durch die Stoßwirkung eines Alphateilchens einen freien Wasserstoffkern dazu zu bringen, in einem Winkel von 90° oder darüber zur Seite zu fliegen. Alle Wasserstoffteilchen, welche bei Versuchen nach der rechtwinkligen Methode beobachtet werden, müssen deshalb echte Atomtrümmer sein, wieviel Wasserstoff die bestrahlte Substanz auch enthalten mag. Ja man kann sogar Paraffin verwenden um nach dieser Methode die Atomtrümmer der darin vorkommenden Kohlenstoffatome zu untersuchen, ohne von dem hohen Wasserstoffgehalt der Substanz gestört zu werden.

Die Versuche nach der rechtwinkligen Methode begannen in Wien und Cambridge ungefähr gleichzeitig und bewiesen, daß eine

Reihe neuer Elemente, die früher mit negativem Resultat untersucht worden waren, auch zertrümmert werden können. So fand der Verfasser, daß Kohlenstoff, sowohl in Form von Paraffin, als auch als reiner Graphit, H-Teilchen in relativ großer Zahl, aber mit überwiegend geringer Reichweite abgibt. Schon mit Absorptionen von etwa 6 cm Luftäquivalent im Weg der Teilchen wurden ihrer so wenige, daß sie nicht mehr gezählt werden konnten. Der Versuch wurde kurz nachher mit Kohlenstoff in reinster Form, als pulverisierter, wasserklarer Diamant mit gleichem Resultat wiederholt. Auch die in Wien vorher zertrümmerten Elemente Beryllium, Magnesium und Silizium geben H-Teilchen senkrecht zur Richtung der Alphastrahlung ab. Die Reichweite der Teilchen war dabei bedeutend kleiner als bei den durch die direkte Methode gefundenen, was aus theoretischen Gründen auch zu erwarten war.

Rutherford und Chadwick fanden mittels der neuen Methode, welche von ihnen in etwas anderer Weise verwendet wurde, daß Magnesium und Silizium tatsächlich H-Teilchen abgeben. Daneben erhielten sie solche aus einer Anzahl Grundstoffe, welche bis dahin noch nicht in Wien untersucht werden konnten, nämlich aus den beiden Edelgasen Neon und Argon, sowie aus Schwefel, Chlor und Kalium. Bei Beryllium waren die Messungen nicht entscheidend, während dem bei Kohlenstoff, Sauerstoff, Eisen und einer Anzahl schwerer Grundstoffe keine H-Teilchen beobachtet werden konnten. Es war somit zwischen den Cambridger und Wiener Resultaten ein gewisser Gegensatz vorhanden, welcher noch durch die Tatsache verschärft wurde, daß die in Wien aus ein- und demselben Grundstoff beobachtete Zahl von H-Teilchen durchgehends viel größer war als in Cambridge.

Diese Abweichungen sind am einfachsten durch die Verschiedenheiten der an beiden Orten angewendeten instrumentellen Hilfsmittel zu erklären, über die in diesem Buch später berichtet werden wird.

Vorher muß jedoch eine weitere Verbesserung der Beobachtungsmethode besprochen werden, welche bald darauf in Wien verwendet wurde und welche es ermöglichte, die Untersuchungen auch auf solche Atomtrümmer auszudehnen, die eine noch kleinere Reichweite besitzen. Hierdurch wurde die Zahl der sprengbaren Grundstoffe noch weiter vergrößert.

Die rückwärtsfliegenden Atomtrümmer.

Die Beobachtung der Atomtrümmer mit kürzerer Reichweite als die der bombardierenden Alphastrahlen mittels Beobachtungen „um die Ecke“, werden durch die Seltenheit und die stark herabgesetzte Reichweite der unter demselben Winkel zurückprallenden Alphageschosse, begünstigt. Die störende Einwirkung der letzteren wird noch geringer, wenn der Winkel zwischen Primär- und Sekundärstrahlung, d. h. zwischen der Flugrichtung der Alpha- und H-Teilchen, weiter vergrößert wird und die günstigsten Versuchsbedingungen erreicht man, wenn dieser Winkel so weit als möglich vergrößert wird, so daß die fast gerade rückwärtsfliegenden Atomtrümmer noch auf den Szintillationsschirm fallen können. Den Winkel bis auf 180° zu bringen d. h. bis zu einer den Alphastrahlen gerade entgegengesetzten Flugrichtung auszudehnen, ist aus technischen Gründen unmöglich; aber durch Benützung einer besonderen Anordnung kann man den Winkel ohne Schwierigkeit bis auf ungefähr 150° vergrößern. Aus der Theorie über die Kerntreffer ersieht man, daß die Reichweite eines Alphateilchens aus RaC, das unter diesem Winkel von dem Kern eines Aluminiumatoms zurückprallt, von 7 cm auf 2,5 cm herabgesetzt und beim Abprallen von einem Kohlenstoffkern, sogar auf nur 1 cm verkleinert wird. Diese Zahlen geben infolgedessen die kleinsten Absorptionswerte an, bei denen man noch Aluminium und Kohlenstoff auf H-Teilchen nach dieser Methode untersuchen kann, ohne irgendwelche Komplikation seitens zurückprallender Alphateilchen befürchten zu müssen.

Die Vorteile, welche diese sogenannte retrograde Methode, deren Prinzip in Fig. 25*c* dargestellt wird, auszeichnen, sind so wesentlich, daß man in Wien seit drei Jahren überwiegend danach gearbeitet hat und daß man ihr die meisten während dieser Zeit gemachten Fortschritte verdankt. Diese Methode, wie sie in Fig. 25*c* zu sehen ist, wurde mit unwesentlichen Änderungen bei einer Reihe von Apparaten benützt, welche konstruiert wurden um verschiedene Grundstoffe auf ausgesprengte H-Teilchen zu prüfen, sowie für gewisse Untersuchungen von reflektierten Alphateilchen.

In vielen Fällen wurde aber statt dessen eine symmetrische Anordnung benützt (Fig. 26), bei welcher die Quelle der Alphastrahlung (in der Figur schwarz) die Form eines flachen Ringes hat. Von diesem Ring wird nur die obere Fläche aktiviert (*S*). Vier verschiedene Substanzscheiben (T_1—T_4), welche abwechselnd bestrahlt werden, sind einige Zentimeter oberhalb des Ringes angebracht. Durch einen Kanal, welcher gerade nach unten führt und zwar durch den Ring hindurch (*C*), können Atomfragmente bis zum Zinksulfidschirm gelangen, auf dem deren Szintillationen mittelst eines Mikroskops von der üblichen geknickten Form gezählt werden. Um das Durchdringungsvermögen der H-Teilchen zu bestimmen, können Glimmerblätter von verschiedenen, genau gemessenen Luftäquivalenten, über Löcher längs des Randes auf einer dünnen drehbaren

Messingscheibe angebracht, unmittelbar vor dem Zinksulfidschirm (in der Figur *Z*) in ihren Weg eingeschaltet werden. Der Schirm ist in den Boden einer runden Messingdose eingekittet, welche die ganze Apparatur luftdicht einschließt. Sämtliche dem Apparat angehörenden beweglichen Teile können, ohne daß man die Dose zu öffnen braucht, mittels Drehung von Metallstöpseln, die in den Deckel oder den Boden der Messingdose luftdicht eingepaßt sind, in jede gewünschte Lage gebracht werden. Dank dieser Anordnung kann man nach Anbringen der ringförmigen, mit RaC oder einem andern Alphastrahler aktivierten, Strahlungsquelle die Luft aus der luftdicht verschlossenen Hülle auspumpen, wodurch die Absorption der Alpha- und H-Teilchen die kleinstmögliche wird. Bei vielen Versuchen wurde der Apparat nicht evakuiert, sondern mit reinem Helium von Atmosphärendruck gefüllt. Dieses seltene Edelgas das uns in der entgegenkommendsten Weise vom Bureau of Mines in

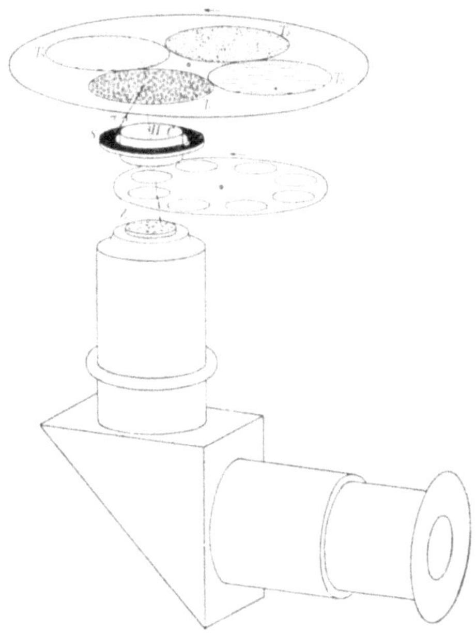

Fig. 26. Anordnung für die Beobachtung der rückwärts gerichteten Atomtrümmer.

Washington in größeren Mengen zur Verfügung gestellt wurde, bietet den Vorteil selbst keine Atomfragmente abzugeben. Seine Anwesenheit im Apparat bringt deswegen nicht Komplikationen mit sich, die man bei Luft oder Stickstoff als Füllgas befürchten müßte. Außerdem zeichnet sich Helium durch seine äußerst geringe Absorption sowohl Alpha- als auch H-Strahlen gegenüber aus, deren Reichweite in diesem Gas fünfmal größer ist als in Luft. Mit reinem Helium im Apparat ist die kleinste Absorption, welche, ohne absorbierenden Glimmer, von den H-Strahlen auf ihrem Weg von der Substanzscheibe bis zum Szintillationsschirm durchflogen wird, gleichwertig mit nur 3 bis 4 Millimetern Luft, was die Beobachtung von Atomtrümmern mit sehr kurzer Reichweite begünstigt.

Eine nähere Beschreibung einer Zählung der Atomfragmente mittels der hier beschriebenen Anordnung, sowie der Herstellung der Strahlungsquelle wird später gegeben werden. In diesem Kapitel, welches den Zweck hat eine Übersicht der allgemeinen Lage auf dem neuen Forschungsgebiet zu geben, sollen nur die wichtigsten Resultate der Untersuchungen in Kürze geschildert werden.

Die Identifizierung der Atomtrümmer.

Eine der bedeutendsten Aufgaben der Untersuchungen über die Atomzertrümmerung ist die Feststellung der Art der Atomtrümmer. Wie schon erwähnt wurde, erregen die H-Teilchen Szintillationen deren Flächenhelligkeit bedeutend kleiner ist als bei den durch Alphateilchen erregten Lichtblitzen. Dazu kommt noch, daß die Ausdehnung der leuchtenden Fläche im ersten Falle auch wesentlich kleiner ist. Während die Alphaszintillationen eine deutliche Ausdehnung mit einer gewöhnlich scharf begrenzten Fläche haben, öfters dreieckig oder vieleckig, der Form des getroffenen Kristallkorns entsprechend, erscheinen die H-Szintillationen mehr punktförmig. Es besteht deshalb keine besondere Schwierigkeit die beiden Partikelgattungen nach der Art der Szintillationen, die sie hervorrufen, zu unterscheiden, vorausgesetzt, daß die Sichtbarkeitsverhältnisse befriedigend sind und beide Szintillationsarten von schnellen Teilchen herrühren. Auf ein solches subjektives Unterscheiden der Lichtblitze begründete man in Cambridge und Wien zu Beginn der Untersuchungen die Identifizierung der Atomtrümmer.

Ist jedoch die Geschwindigkeit der Alphateilchen herabgesetzt, wie es am Ende ihrer Bahn der Fall ist, so nimmt die Lichtstärke ihrer Szintillationen ebenfalls ab, und wenn sich Alphateilchen drei oder vier Millimeter vor dem Endpunkt ihrer Bahn in Luft befinden, werden ihre Szintillationen denen der H-Teilchen sehr ähnlich. Die Lichtstärke der H-Szintillationen entspricht ebenfalls der Reichweite der sie hervorrufenden Teilchen, aber ihre Helligkeitsabnahme beginnt schon früher als bei den Alphateilchen. Die Beobachtung ist schon erschwert, wenn die H-Teilchen noch einen Zentimeter in Luft zurückzulegen haben. Es ist deshalb viel schwerer gleichzeitig auftretende Alpha- und H-Teilchen voneinander zu unterscheiden, wenn langsame Teilchen dabei sind und eine Verwechslung tritt noch leichter ein, wenn der Hintergrund des Zinksulfidschirms nicht dunkel ist, sondern selbst leuchtet. Letzteres ist der Fall, wenn man als Quelle für Alphaprojektile die intensiv gammastrahlenden Präparate von RaC oder ThC benützt, welche nahe am Szintillationsschirm angebracht sind. Ein solches diffuses Leuchten des Schirms erschwert überhaupt die Beobachtung der H-Teilchen und besonders solcher mit kurzer Reichweite.

Da die Möglichkeit einer Verwechslung zwischen Alpha- und H-Teilchen in der Diskussion über die Richtigkeit der Wiener und Cambridger Versuche eine große Rolle spielte, dürfte eine kurze Schilderung der Hilfsmittel zur Erleichterung der Diagnose berechtigt sein.

Durch sogenannte Photometrie die Lichtstärke der Szintillationen messen zu wollen, d. h. von kleinen, für ein unbewaffnetes Auge nicht sichtbaren Lichtblitzen, deren Dauer kaum ein Tausendstel einer Sekunde beträgt, erscheint recht kühn. Ein Vergleich der Lichtstärke verschiedener Szintillationen untereinander ist jedoch aus-

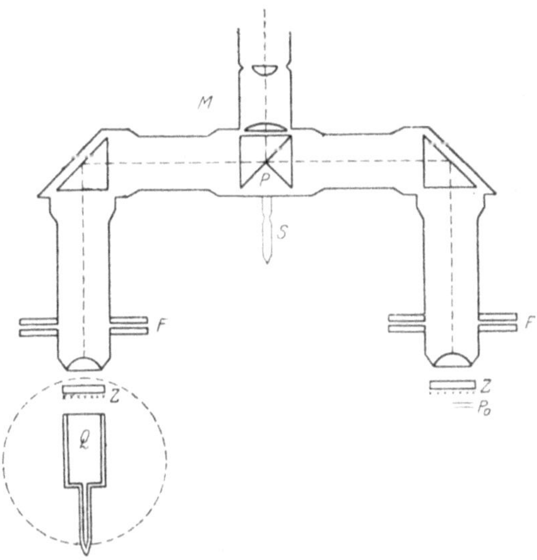

Fig. 27. Anordnung zum Vergleich der Helligkeit von mit Alpha- und mit H-Teilchen erregten Szintillationen.

führbar und konnte in gewissem Grade quantitativ gemacht werden. Fig. 27 gibt eine schematische Darstellung der von Dr. Elisabeth Kara-Michailova in Wien zu diesem Zweck verwendeten Anordnung. *M* ist ein sogenanntes Vergleichsokular mittels welchem man entweder schnell hintereinander oder gleichzeitig die Bilder beobachten kann, die zwei nebeneinander gestellte, durch das Vergleichsokular verbundene Mikroskope geben. Mit solchen lichtstarken Objektiven kombiniert, wie sie zur Zählung von Szintillationen benützt werden, verwendet man das Vergleichsokular in diesem Falle zur Beobachtung zweier gleicher Zinksulfidschirme, *Z*.

Auf dem einen Schirm (rechts) werden Szintillationen von Alphateilchen gleichmäßiger Geschwindigkeit erzeugt, beispielsweise die aus einem schwachen Poloniumpräparat P_0. Unter dem andern Schirm wird die Strahlungsquelle Q jener Teilchen angebracht, deren Szintillationen auf Lichtstärke mit den vorigen verglichen werden sollen, seien es natürliche H-Teilchen eines alphabestrahlten Paraffindünnschnitts, oder auch Alphateilchen mit stark verminderter Reichweite, um das Abnehmen der Lichtstärke ihrer Szintillationen beobachten zu können.

Indem man den kleinen, bei S sichtbaren Griff nach der einen oder andern Seite verschiebt, werden reflektierende Prismen innerhalb des Vergleichsokulars verstellt, so daß einmal das Bild des einen, einmal das des anderen Objektivs im Okular erscheint. Bei einer Mittelstellung des Griffes erscheinen beide gleichzeitig als Halbfeldbilder. Es ist somit leicht den Unterschied der Lichtstärke jener Szintillationen, welche auf beiden Schirmen entstehen, zu beobachten. Um ihn messen zu können, wird das Licht jenes Objektivs, wodurch die stärksten Szintillationen erscheinen, geschwächt, indem man ein Stück Grauglas[1]) in den Weg der Lichtstrahlen (bei F) einschaltet, welches so dicht ist, daß die Szintillationen beider Objektive gleich hell erscheinen. Die mit einem gewöhnlichen Photometer bestimmte Lichtabsorption des dafür passenden Grauglases, gibt direkt das Verhältnis der Intensität zwischen den zu vergleichenden Arten der Lichtblitze an.

Auf diese Weise fand man, bei einem Vergleich zwischen Alphateilchen aus Polonium und schnellen natürlichen H-Teilchen, daß man ein Grauglas einführen müßte, welches $^1/_3$ des darauffallenden Lichts durchläßt um die Alphaszintillationen bis zu dem Helligkeitsgrad der H-Szintillationen abzuschwächen. Damit war das Verhältnis der Helligkeit mit 3:1 gegeben. Man erhielt denselben Wert, wenn anstatt natürlicher H-Teilchen Atomfragmente aus Silizium von einer dünnwandigen, mit Radiumemanation gefüllten Quarzkapillare auf den Schirm Z auftrafen, womit das vorher durch subjektive Diagnose gefundene Resultat bestätigt wurde, nämlich daß die betreffenden Teilchen aus dem Quarz wirklich schnelle Wasserstoffkerne sind.

Es muß hinzugefügt werden, daß bei diesem Vergleich eigentlich nur die Flächenhelligkeit der Szintillationen gemessen wird. Da die aufleuchtende Fläche bei Alphaszintillationen eine bedeutend größere Ausdehnung besitzt als bei H-Szintillationen, so ist es klar, daß die Unterschiede der gesamten Lichtmenge beider Szintillationsarten noch größer sind.

Ähnliche Vergleiche zwischen Szintillationen schneller Alphateilchen und solchen, nahe am Ende ihrer Bahn, ermöglichten fest-

[1]) Z. B. photographische Negative verschieden starker Schwärzung.

zustellen, wie sich die Lichtstärke der Szintillationen mit der Reichweite der Alphateilchen ändert. In allerletzter Zeit konnten solche Messungen auch mit H-Teilchen verschiedener Reichweite ausgeführt werden. Betreffs der Möglichkeit, langsame H-Teilchen, wie sie bei der Atomzertrümmerung nach der retrograden Methode vorkommen, mit Zuverlässigkeit zu zählen, konnte man aus diesen Versuchen wichtige Folgerungen ziehen.

Die Szintillationsphotometrie war für die Identifizierung der Atomtrümmer in gewissen Fällen von Wert, aber sie ist zu umständlich um bei gewöhnlichen Sprengversuchen verwendet werden zu können. Um bei diesen Versuchen Szintillationen von Alpha- und von H-Teilchen zu unterscheiden, wurden in Wien folgende Hilfsmittel in Anwendung gebracht.

Auf einer kleinen Metallscheibe (in den auf Fig. 26 skizzierten Apparat vor dem Zinksulfidschirm einschiebbar) wurde teils eine Strahlenquelle für eine kleine Anzahl Alphateilchen, ein schwaches Poloniumpräparat, angebracht, teils eine Quelle für natürliche H-Strahlen, ein Paraffindünnschnitt über einem starken Poloniumpräparat. Indem man bald die eine, bald die andere dieser Strahlenquellen vor den Zinksulfidschirm dreht, kann man während des Versuches nach Belieben abwechselnd Alphaszintillationen und echte H-Szintillationen erzeugen. Der Beobachter ist somit im Stande die Szintillationen der unbekannten Teilchen, Atomtrümmer oder reflektierten Alphateilchen, welche er gerade zählt, mit solchen von Partikeln bekannter Art zu vergleichen, wodurch die Diagnose wesentlich erleichtert wird. Außerdem erfüllt die H-Strahlenquelle auch eine andere Aufgabe, indem sie ermöglicht, bei verschiedenen Gelegenheiten während eines Versuches das Beobachtungsvermögen des betreffenden Zählers zu prüfen. Zählt er während einer gegebenen Beobachtungszeit eine kleinere Anzahl H-Szintillationen als die tatsächlich vorhandenen, so ist dies ein Zeichen, daß er schlecht beobachtet und eine Ruhepause benötigt, was dem Zähler selbst oft nicht bewußt ist.

Trotz der hier geschilderten Hilfsmittel zur Identifizierung der Alpha- und H-Teilchen aus der Lichtstärke ihrer Szintillationen, ist doch die Gefahr der Verwechslung eine der größten Schwächen der Szintillationsmethode. Bei besonders wichtigen Entscheidungen, z. B. bei der Zertrümmerung neuer Elemente, ist der Versuch womöglich so anzuordnen, daß ein Auftreten der reflektierten Alphateilchen durch die gegebenen Versuchsbedingungen ausgeschlossen oder ihre Zahl möglichst weit heruntergesetzt ist. Dies erreicht man am einfachsten durch Zählung der Szintillationen bei Absorptionen, welche die nach den Stoßgesetzen berechnete maximale

Reichweite der reflektierten Alphateilchen übersteigt. Ähnliche Vorsichtsmaßregeln wurden bei den Untersuchungen in Wien auch eingehalten. Vorausgesetzt, daß bei dem Versuch eine radioaktive Verseuchung ausgeschlossen ist, wovon man sich leicht überzeugen kann, ist man dann sicher, daß die beobachteten Szintillationen wirklich von Atomtrümmern verursacht werden, die in allen bisher untersuchten Fällen sich als H-Teilchen erwiesen haben.

Eine andere Methode, die Art der Atomtrümmer zu erkennen, besteht in Messungen ihrer Ablenkung durch elektrische bzw. magnetische Kräfte. Diese Methode, welche besonders in Wien ausgearbeitet wurde, und zwar mit Ergebnissen, die an Sicherheit und Präzision diejenigen der optischen Methode weit übertreffen, soll in einem späteren Kapitel beschrieben werden.

Die Ergebnisse der Atomzertrümmerung.

Die Ergebnisse des achtjährigen Angriffskampfes gegen die Atomkerne, der mit den ersten Veröffentlichungen Rutherfords eröffnet wurde, sollen hier kurz zusammengefaßt werden. Einige erklärende Bemerkungen müssen allerdings vorausgeschickt werden.

Die Schwierigkeiten, die der Forscher auf diesem Arbeitsgebiet zu überwinden hat, sind ganz besonderer Art. Allein die Zählung der überaus lichtschwachen Szintillationen auf dem diffus leuchtenden Hintergrund des Zinksulfidschirms kann nicht fehlerfrei durchgeführt werden. Dazu kommt noch, daß die durchdringende Gammastrahlung aus dem Apparat, die trotz Bleischutz nicht zu vermeiden ist, das Sehvermögen des Zählers beeinträchtigt. Außerdem ist diese Methode für den Beobachter sehr anstrengend, er kann nur in kurzen Zeiträumen von einer Minute oder noch weniger seine Aufmerksamkeit hinreichend scharf konzentrieren, um mit einiger Zuverlässigkeit die lichtschwachen Szintillationen zu zählen. Auch können nur Personen mit guten Augen und raschem Beobachtungsvermögen gut zählen. Solche müssen in der Regel aus einer größeren Zahl von Versuchspersonen durch Probezählungen herausgefunden werden. Dieselben Zähler können, will man sie nicht überanstrengen, während längerer Zeit nicht mehr als zweimal wöchentlich verwendet werden und die Zählversuche dürfen unter Einschalten öfterer Ruhepausen nicht über mehr als ein- bis anderthalb Stunden ausgedehnt werden.

Die Herstellung der Strahlungsquelle, sowie die Vorbereitung der Versuchsapparatur ist zeitraubend und muß, soll ein Versuch gelingen, sehr sorgfältig ausgeführt werden. Trotzdem kann diese Arbeit durch das Auftreten einer „radioaktiven Verseuchung“ innerhalb des Apparates zunichte gemacht werden, der Versuch muß abgebrochen und der ganze Apparat von allen Spuren des radioaktiven Materials sorgfältigst gesäubert werden.

Andererseits stellt die Verarbeitung und Läuterung des Beobachtungsmaterials große Forderungen an Objektivität und kritisches Vermögen, da es sich um die Einordnung von Erscheinungen handelt, die nahe an der Sichtbarkeitsgrenze liegen, so daß bedeutende Schwankungen auch in den Zahlangaben ein- und derselben Versuchsperson nichts ungewöhnliches sind. In Wien allein sind während dieser Untersuchungen mehr als eine viertel Million Szintillationen gezählt und protokolliert worden, aber von den Hunderten hierzu nötigen Versuchsreihen konnte nur ein Bruchteil so weit als gelungen betrachtet werden, daß man aus ihnen bestimmte Schlüsse ziehen konnte.

Die bisher noch nicht ausgeglichenen Gegensätze zwischen den in Wien und in Cambridge, zum Teil nach verschiedenen Versuchsmethoden, gewonnenen Erfahrungen müssen unter Berücksichtigung der hier geschilderten experimentellen Schwierigkeiten betrachtet werden.

Tabelle der bisher zertrümmerten Elemente.

Element	Atom-nummer	Beobachtungs-methode	Zuerst beobachtet in
Lithium	3	R	Wien
Beryllium	4	D u. W	Wien
Bor	5	D u. W	Cambridge
Kohlenstoff	6	W u. R	Wien
Stickstoff	7	D u. W	Cambridge
Sauerstoff	8	W u. R	Wien
Fluor	9	D u. W	Cambridge
Neon	10	D u. W	Cambridge
Natrium	11	D u. W	Cambridge
Magnesium	12	W u. R	Wien
Aluminium	13	D u. W	Cambridge
Silizium	14	W u. R	Wien
Phosphor	15	D u. W	Cambridge
Schwefel	16	W	Cambridge
Chlor	17	W	Cambridge
Argon	18	W	Cambridge
Kalium	19	W	Cambridge
Titan	22	R	Wien
Chrom	24	R	Wien
Eisen	26	R	Wien
Kupfer	29	R	Wien
Selen	34	R	Wien
Brom	35	R	Wien
Zirkon	40	R	Wien
Zinn	50	R	Wien
Tellur	52	R	Wien
Jod	53	R	Wien

Aber gerade diese Schwierigkeiten der Szintillationsmethode waren für uns ein Ansporn, andere, weniger subjektive Beobachtungsmittel zwecks Studium der Atomzertrümmerung auszuarbeiten. Wie folgende Kapitel dieses Buches zeigen werden, führten die Bemühungen in mehreren Fällen zu verwendbaren Ergebnissen. Die mit Hilfe dieser neuen Forschungsmittel, unabhängig von den früheren, ausgeführten Versuche haben in mehreren Punkten die Richtigkeit der in Wien gemachten Beobachtungen bestätigt. Ein weiterer Ausbau dieser neuen Arbeitsmethoden wird ohne Zweifel die noch recht beschränkte Anzahl von sichergestellten Tatsachen vergrößern und zwar in schnellerem Tempo, als es bisher möglich war.

Auf jeden Fall ist es die Pflicht des Verfassers, dem Leser gegenüber zu betonen, daß verschiedene der in Wien gefundenen Resultate, die in dem Folgenden erwähnt werden, von seiten der Cambridger Physiker noch nicht bestätigt wurden.

Welche Grundstoffe als zertrümmerbar angegeben werden, geht aus vorstehender Tabelle hervor, in welcher die erste Kolonne den Namen des Grundstoffes angibt, die zweite dessen Ordnungsnummer = Kernladung, die dritte die eine oder zwei Methoden nach welcher die zur Zertrümmerung führenden Versuche ausgeführt wurden. D = die direkte Methode, W = die rechtwinklige Methode und R = die retrograde Methode. Die letzte Rubrik gibt an, wo die Zertrümmerbarkeit das erstemal nachgewiesen wurde.

Wie aus der Tabelle hervorgeht, sind nun alle leichten Elemente von Lithium an bis einschließlich Kalium für zertrümmerbar erklärt worden. Dieser Umstand spricht stark zugunsten der von Wien in einem frühen Stadium der Untersuchungen ausgesprochenen Annahme, daß die Zertrümmerbarkeit eine allgemeine Eigenschaft der Elemente ist und nicht nur bei einigen gewissen Grundstoffen ausnahmsweise vorkommt. Allerdings muß hinzugefügt werden, daß sowohl für Lithium und Beryllium, wie für Kohlenstoff und Sauerstoff die Zertrümmerbarkeit von den Cambridger Physikern noch nicht zugegeben wurde; diese begnügten sich allerdings damit, nach Atomtrümmern von ungefähr 3—4 cm Reichweite oder mehr zu suchen. Besonders groß sind die Gegensätze bei Kohlenstoff, wobei auf theoretische Betrachtungen gegründete Zweifel über die Sprengbarkeit dieses Elements wohl eine gewisse Rolle spielten. Andererseits war gerade dieses Element während dreier Jahre das Ziel umfassender Versuche in Wien, welche durchgehends positive Resultate ergaben. Dazu kommt, daß in allerletzter Zeit mittels unabhängiger Methoden auf entscheidende Art bewiesen wurde, daß auch Kohlenstoff in reiner Form wirklich H-Teilchen abgibt. Für Elemente mit höherer Atomnummer als 19 (Kalium) fand man bisher nur in Wien positive Ergebnisse, wo sie mittels der retrograden Methode untersucht wurden. Außer den zehn in der Tabelle als zertrümmert bezeichneten Elemente von Titan bis Jod wurden weiter eine Anzahl anderer Grundstoffe zum Teil mit höherer Atomnummer untersucht. Obwohl die Resultate dieser Untersuchungen dafür sprechen, daß auch die Atome dieser Elemente sprengbar sind, so sind sie doch, hauptsächlich wegen meßtechnischer Schwierigkeiten, nicht beweiskräftig genug, um die Frage als endgültig entschieden betrachten zu können. Es müssen deshalb weitere Versuche unternommen werden, ehe die Tabelle neuerlich erweitert werden kann.

Die Ausbeute an Atomtrümmern aus verschiedenen Elementen ist der Punkt, in dem die Wiener und Cambridger Resultate am meisten auseinandergehen. In Wien war Aluminium der Gegenstand umfassender Versuche durch E. A. W. Schmidt, welcher eine Ausbeute von 30 H-Teilchen erhielt, eingerechnet solche mit ganz kurzer Reichweite, aus einer Aluminiumfolie von 1 cm Luftäquivalent, in der eine Million Alphateilchen aus Ra C zur Wirkung gelangen. Die von Cambridge zuletzt veröffentlichte Zahl für dieselbe Ausbeute ist 2 per Million. Für dickes Aluminium, in welchem der ganze Weg der Alphateilchen verläuft, fand Schmidt per Million schneller Alphateilchen 100 H-Teilchen, die Cambridger Physiker 8. Diese Abweichungen werden nach den Wiener Forschern am einfachsten durch die Annahme erklärt, daß die Cambridger Versuchsbedingungen zur Beobachtung der lichtschwachen Szintillationen der langsamsten Atomtrümmer nicht so günstig waren als in Wien, wo man sich vor allem bemühte, die Lichtstärke der für die Szintillationszählungen verwendeten Mikroskope möglichst zu erhöhen.

Bei anderen Grundstoffen hat man bisher die Ausbeute nicht so eingehend untersucht als bei Aluminium. Im allgemeinen nimmt nach den in Wien gemachten Erfahrungen die Ausbeute an Atomtrümmern aus verschiedenen Grundstoffen mit ihrer Ordnungsnummer zu, vorausgesetzt, daß alle Fragmente, auch die mit kürzester beobachtbarer Reichweite, mitgezählt werden. Für Kohlenstoff, welcher bisher nur in dicken Schichten untersucht werden konnte, beträgt die totale Ausbeute rund 50 per Million Alphateilchen (obwohl gewisse Messungen für noch höhere Zahlen sprechen).[1]) Für die schwersten Elemente scheint die Ausbeute weit über hundert H-Teilchen per Million Alphateilchen zu betragen, doch sind diese Zahlen bisher recht ungenau bestimmt worden.

Die größte Schwierigkeit, welche mit den Bestimmungen der Ausbeute verknüpft ist, beruht auf dem Vorhandensein der zahl-

---

[1]) Siehe Fußnote auf S. 64.

reichen Atomfragmente ganz kurzer Reichweite, welche in Wien beobachtet wurden. Auch bei sehr lichtstarker Optik und unter sonst günstigen Bedingungen sind die schwachen Szintillationen dieser Teilchen so nahe der Grenze des Sichtbaren, daß unbedeutende Änderungen in der Disposition des betreffenden Zählers wie Müdigkeit, Gammabestrahlung und andere, wesentliche Änderungen in der Anzahl der gezählten Lichtblitze zur Folge haben, auch wenn die Versuchsbedingungen sonst unverändert bleiben. Es ist nicht ausgeschlossen, daß die wirkliche Zahl der freigemachten Atomfragmente noch größer ist als die Zahl, welche in Wien gefunden wurde. In dieser Hinsicht dürfte durch die neuen Methoden, welche das Zählen der Szintillationen ersetzen sollen, ein großer Schritt vorwärts gemacht werden können.[1])

Was die maximale Reichweite der H-Teilchen zertrümmerter Elemente betrifft, so wurde schon gesagt, daß dieser Begriff in gewissem Grade unbestimmt ist. Wenn die Absorption im Weg der Atomtrümmer erhöht wird, nimmt deren Anzahl ab, und es hängt in hohem Maße von der experimentellen Anordnung, der Stärke des Präparats (der Alphastrahlenquelle), sowie von dem Abstand der bestrahlten Substanz von der Strahlenquelle und dem Zinksulfidschirm, ferner von der Größe der beobachteten Schirmfläche u. a. ab, bei wie großen Absorptionen eine für die Beobachtung hinreichende Zahl von Atomtrümmern den Schirm erreichen kann. Es ist deshalb nicht ausgeschlossen, daß eine sehr kleine Zahl Atomfragmente ausgesendet wird, die noch größere Absorptionen durchsetzen können selbst als die größten, bei welchen das Auftreten von Szintillationen festgestellt wurde und die man deshalb als „maximale Reichweite" bezeichnet. In Übereinstimmung damit fand man in Cambridge, dank einer speziell angepaßten Beobachtungsmethode für die weitreichendsten und seltensten, aber dafür relativ kräftig szintillierenden Teilchen, im allgemeinen höhere Werte für die maximale Reichweite als in Wien. Fig. 28 gibt für die leichteren Elemente eine graphische Darstellung der Abhängigkeit der maximalen Reichweite ihrer Atomtrümmer von der Atomnummer[2]); als Grundlage wurden Messungen beider Orte verwendet.

[1]) Es muß aufs neue betont werden, daß alle bisherigen Berechnungen über die Ausbeute an Atomfragmenten auf der Annahme fußen, daß diese nach allen Richtungen in gleicher Zahl ausgeschleudert werden, d. h. daß die Flugrichtung des H-Teilchens unabhängig ist von der Richtung des auslösenden Alphateilchens. Sowohl die Wiener als auch die Cambridger Versuchsergebnisse scheinen die Richtigkeit dieser Annahme zu bestätigen, aber bindende experimentelle Beweise konnten noch nicht gegeben werden.

[2]) Die nach verschiedenen Methoden gemachten Bestimmungen wurden auf Werte umgerechnet, die für Winkel von 90^0 zwischen der Flugrichtung von Alpha-

Der auffallende Unterschied der Reichweite zwischen Atomfragmenten mit geraden und ungeraden Ordnungsnummern, der aus der Figur ersichtlich ist, gehört zu den interessantesten Tatsachen, die bisher auf diesem Untersuchungsgebiet festgestellt werden konnten. Die große Reichweite der H-Teilchen aus Grundstoffen mit ungeraden Atomnummern erklärt, warum die Atomzertrümmerung zuerst bei Elementen dieses Typs gelang: Bor (5), Stickstoff (7), Fluor (9), Natrium (11), Aluminium (13) und Phosphor (15). Mit der damals noch verwendeten direkten Methode konnten Atomfragmente aus den übrigen Elementen mit geraden Atomnummern nicht bis zum Szintillationsschirm gelangen. Dieser Unterschied der Reichweite weist

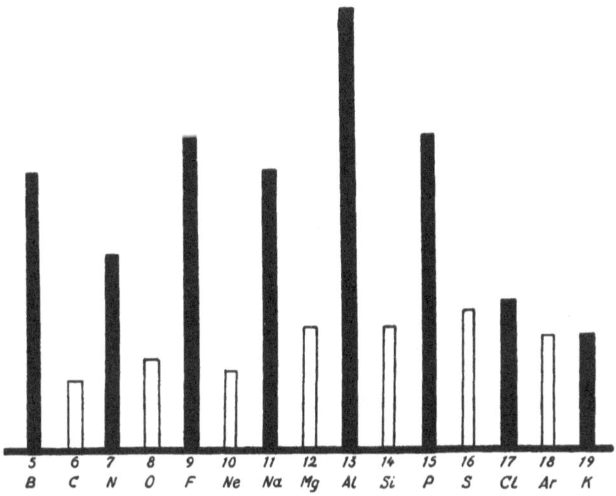

Fig. 28. Maximale Reichweite der Atomtrümmer aus verschiedenen Grundstoffen.

auf eine Verschiedenheit der Kernstruktur der geraden und ungeraden Elemente hin, für welche auch andere Tatsachen sprechen.

Eine minimale Reichweite der Atomfragmente glaubte man in Cambridge für wenigstens zwei Elemente, nämlich Aluminium und Schwefel, nachweisen zu können. In dem ersteren Grundstoff sollten danach Alphateilchen aus Ra C keine H-Teilchen mit einer Reichweite von weniger als 12 cm, in dem letzteren von weniger als 13—14 cm erregen. Da in Wien Untersuchungen von Schmidt zeigten, daß die Hauptmenge der H-Teilchen aus Aluminium eine Reichweite von weniger als 5 cm hat (ein anderer Wiener, G. Stetter,

und H-Teilchen gelten. Die Verschiedenheit der Reichweite der H-Teilchen für verschiedene Werte dieses Winkels, wird nunmehr auch in Cambridge dem Einfluß der Eigenbewegung des zertrümmerten Kerns zugeschrieben, welcher von den Alphateilchen einen Impuls nach vorne bekommt.

kam nach einer unabhängigen Methode zu demselben Resultat), so scheint es am wahrscheinlichsten, diesen Widerspruch auf dieselbe Ursache zu beziehen, nämlich auf das Übersehen der lichtschwachen Szintillationen von langsamen Atomtrümmern, welche oben als Erklärung für den Unterschied der Ausbeuteziffern zwischen Cambridge und Wien angegeben wurde.

In Zusammenhang damit steht auch die Frage, welche Reichweite die bombardierenden Alphateilchen haben müssen, um eine Atomzertrümmerung hervorrufen zu können. In Cambridge fand man früher, daß Alphateilchen mit kürzerer Reichweite als 4,9 cm außer Stande waren, H-Teilchen vom Aluminiumkern loszutrennen. Damals begnügte man sich noch damit, auf sehr weitreichende Atomfragmente zu prüfen. In Wien, wo man sich von Anfang an am meisten für die langsamen Atomtrümmer interessierte, fand man, daß eine bedeutend kürzere Reichweite der Alphateilchen genügend sei, um verschiedene Elemente zu zertrümmern. So konnte Schmidt mit Alphateilchen von weniger als 2 cm Reichweite (die er, bevor sie die Aluminiumfolie erreichten, durch Glimmerabsorptionen auf diesen Wert abbremste) nachweisen, daß man aus diesem Element eine beträchtliche Anzahl H-Teilchen, allerdings überwiegend kleiner Reichweite, erhält.

Dieses Resultat verträgt sich andererseits gut mit Rutherfords und Chadwicks Beobachtung, daß die ausgesprengten Atomfragmente um so weniger weit reichen, je geringere Geschwindigkeit die bombardierende Alphastrahlung besitzt. In methodischer Hinsicht ist dieses Resultat sehr wichtig, da es die Verwendung des von störender Gammastrahlung ganz freien Stoffes Polonium als Quelle für Alphateilchen bei Atomzertrümmerungsversuchen ermöglicht, obgleich die emittierten Alphateilchen kaum mehr als halb so weit reichen wie die des früher verwendeten Ra C. Mit Polonium wurden während der letzten Jahre umfassende Zertrümmerungsversuche unternommen, und die Entwicklung der neuen Untersuchungsmethoden während dieser Zeit wäre kaum ohne diese Strahlungsquelle möglich gewesen. In letzter Zeit ist zwischen den Cambridger und Wiener Resultaten in diesem Punkt eine Annäherung eingetreten, indem Chadwick erklärte, daß eine Erregung von H-Teilchen aus Aluminium schon mit Alphateilchen von nur 3 cm Reichweite stattfinden könne, also um 2 cm weniger, als der früher als untere Grenze angegebene Wert.

Über den Charakter der ausgesprengten Atomtrümmer wurde nach den ersten Ablenkungsbestimmungen in einem Magnetfeld, die in Cambridge gemacht worden waren und die für ihre Identität mit H-Teilchen sprach, nur in Wien Untersuchungen ausgeführt.

G. Stetter entwickelte daselbst eine exaktere Methode zur Bestimmung ihres e/m, d. h. des Verhältnisses zwischen der elektrischen Ladung und der Masse. Dadurch konnte er mit beträchtlicher Genauigkeit feststellen, daß die aus den Elementen Bor und Aluminium, aber auch aus reinem Kohlenstoff und Eisen, ausgesprengten Atomtrümmer wirklich mit Wasserstoffkernen identisch sind. Damit dürfte wohl die Sprengbarkeit dieser Elemente als endgültig bewiesen anzusehen sein.

Stetter suchte mit derselben Methode, die in einem folgenden Kapitel dieses Buches besprochen werden wird, das Vorkommen elektrisch ungeladener Teilchen von der Masse des Wasserstoffatoms, aus alphabestrahltem Aluminium kommend, sog. *Neutronen*, nachzuweisen. Solche Teilchen, nach denen Rutherfords Mitarbeiter früher vergebens gesucht hatten, müßten sowohl von magnetischen als auch von elektrischen Feldern unbeeinflußt bleiben, d. h. sie sollten die Ablenkung = 0 zeigen. Auch Stetter erhielt ein negatives Resultat: *wenn* solche Atomtrümmer wirklich existieren, so werden sie jedenfalls aus Aluminium in bedeutend geringerer Anzahl als die gewöhnlichen H-Teilchen ausgeschleudert; irgendein Zeichen ihres Vorhandenseins konnte überhaupt nicht wahrgenommen werden. Stetter konnte auch keine Atomfragmente mit der Masse 3 finden, obwohl man früher bei gewissen Versuchen Andeutungen solcher zu finden glaubte. Es muß somit die Frage offen gelassen werden, ob Atomfragmente von anderer Ladung und Masse als der H-Teilchen bei der Atomzertrümmerung wirklich vorkommen können.

Der nähere Verlauf der Atomzertrümmerung ist bisher noch wenig untersucht worden, was durch die äußerst großen Versuchsschwierigkeiten erklärlich ist. Eine damit zusammenhängende Frage ist die, ob wohl von ein und demselben zertrümmerten Atomkern nur *ein* H-Teilchen oder *zwei*, eventuell mehrere, ausgeschleudert werden? Um dies feststellen zu können versuchte man in Wien mit besonderen Anordnungen, bei welchen der Szintillationsschirm so nahe als möglich an die bestrahlte Substanz gebracht wurde, Doppelszintillationen zu beobachten, die bezeugen, daß zwei Atomtrümmer gleichzeitig auf den beobachteten Teil der Schirmoberfläche auftreffen. Wenn solche Zwillingspaare in beträchtlicher Zahl vorkommen, so muß man annehmen, daß sie aus ein und demselben zerfallenden Atom ausgesendet werden. Es zeigte sich indessen, daß dies nicht der Fall ist, und man hat deshalb Grund anzunehmen, daß nur *ein* Atomfragment aus jedem zertrümmerten Atom herausfliegt, was auch aus energetischen Gründen wahrscheinlich ist.

Eine Frage von größtem Interesse, welche hiemit zusammenhängt, ist das weitere Schicksal des Atomkerns. Der Verlust eines H-Teilchens bedeutet eine Verringerung um eine Einheit, sowohl der Kernladung als auch der Masse des Kerns. Bei einem Aluminiumkern müßte durch Zertrümmerung seine Kernladung von + 13 auf + 12 und seine Masse von 27 auf 26 herabgesetzt werden, also eine Verwandlung in den Kern eines Magnesiumisotops stattfinden. Allerdings nur unter der Voraussetzung, daß außer dem H-Teilchen auch das zertrümmernde Alphateilchen nach der Sprengung den Restkern („Atomkrüppel“) verläßt. Schon die ersten in Wien ausgeführten Versuche nach der retrograden Methode sprachen gegen diese Annahme, da die Zahl der von alphabestrahltem Aluminium zurückprallenden Alphateilchen wesentlich kleiner war als die Zahl der gleichzeitig herausfliegenden Atomfragmente. Auf Grund dieser Versuche und auch aus theoretischen Gründen wurde der Gedanke ausgesprochen, daß das Alphateilchen, welches die Zertrümmerung bewirkt, *selbst im Kern haften könne* und dadurch, trotz Verlust eines H-Teilchens, *einen Kern von größerer Ladung und größerer Masse als der ursprüngliche, bilden könne.* Durch einen Versuch Blacketts, eines Mitarbeiters von Rutherford, wurde diese Annahme bald nachher bestätigt. Blackett konnte durch massenhafte photographische Aufnahmen der Wilsonbahnen von Alphateilchen in Stickstoff das Vorhandensein von insgesamt acht freigemachten Wasserstoffkernen nachweisen. Jeder von einem solchen H-Teilchen verlassener Stickstoffkern blieb anscheinend mit dem zertrümmernden Alphateilchen dauernd vereinigt. Das Resultat dieser Kernsynthese kann durch folgende „alchimistische Reaktionsformel“ dargestellt werden:

$$N_{14}^{7} + He_{4}^{2} - H_{1}^{1} = O_{17}^{8}$$

oder, in Worten ausgedrückt: der Stickstoffkern mit der Ladung + 7 und der Masse 14 nimmt einen Heliumkern (= Alphateilchen) mit der Ladung + 2 und der Masse 4 auf unter gleichzeitigem Verlust eines Wasserstoffkerns (= H-Teilchen) mit der Ladung + 1 und der Masse + 1, wodurch ein Sauerstoffkern mit der Ladung + 8 und der Masse 17 aufgebaut wird. Das Resultat sollte also ein Atom von Sauerstoff sein, aber nicht der Atomart die wir im gewöhnlichen Sauerstoff kennen, dessen Atome alle die Masse 16 besitzen, sondern ein Atom eines Sauerstoffisotops mit der Masse 17.

Bisher konnte dieser Vorgang nur bei einigen der leichtesten Grundstoffe festgestellt werden und man weiß noch nicht, ob der auf diese Weise gebildete Atomkern stabil ist, oder binnen kurzem zerfällt. Im ersteren Falle und unter der Voraussetzung, daß eine ähnliche Kernsynthese auch bei der Sprengung schwerer Atomarten stattfindet, öffnet sich die Möglichkeit, auf spektroskopischem Wege das Produkt zu beobachten, welches bei der Zertrümmerung der Grundstoffe Brom und Jod neugebildet wird, woraus nämlich die spektroskopisch leicht nachweisbaren Edelgase Krypton und Xenon entstehen würden.

Die Energieverhältnisse bei der Atomzertrümmerung. Von großem Interesse ist der bei der Atomzertrümmerung stattfindende Energieumsatz. Falls die Bewegungsenergie des Alphateilchens so gut wie ungeschmälert auf das ausgeschleuderte H-Teilchen übergeht und ersteres mit dem Kern zusammenschmilzt, ohne diesem andere Energie zuzuführen, als das Gesetz des unelastischen Stoßes vorschreibt, so müßte das vorwärts herausfliegende H-Teilchen eine Reichweite in Luft von mehr als 50 cm haben. Da nun die weitreichendsten Atomfragmente aus Aluminium, Bor und Phosphor eine bedeutend größere Reichweite haben als dieser Wert, so folgt daraus, daß in diesem Fall Energie freigemacht werden muß, und diese Energieentwicklung kann nur *aus dem Atomkern kommen.* Für die allerschnellsten H-Teilchen aus Aluminium berechnet man den Energiegewinn bei der Zertrümmerung auf nicht weniger als 40% jener Energie, welche das Alphateilchen selbst trägt, also ein Betrag, welcher mit der Energieentwicklung bei dem radioaktiven Zerfall durchaus vergleichbar ist.

Auch einer der leichtesten und dazu gewöhnlichsten Grundstoffe, wie Aluminium, muß also in seinen Atomkernen einen Energievorrat bergen, der fast ebenso groß ist als jener, der von Uran oder Radium im Verlauf von Hunderten oder Milliarden von Jahren bei deren Zerfall langsam abgegeben wird!

Dieser Umstand scheint wohl märchenhafte Perspektiven auf ein neues goldenes Zeitalter zu eröffnen, in dem die jetzige Steinkohlen- und Ölproduktion der Erde durch das Ausnützen der subatomaren Energieschätze ersetzt werden kann, welche in ein paar Tonnen Aluminium, einer der Hauptbestandteile von gewöhnlichem Lehm, schlummern. Aber eine nüchterne Überlegung auf Grund der schon bekannten Tatsachen zeigt, daß diese Aussicht, wenn auch prinzipiell möglich, kaum verwirklicht werden kann. Teils sind die Alphateilchen der seltenen radioaktiven Stoffe das einzige Brecheisen, mit dem man bisher den energiereichen Kassenschrank des Aluminiumkerns öffnen konnte. Weiter gelingt es unter rund 10000 Alphateilchen nur einem, so zentral auf einem Aluminiumkern aufzutreffen, daß eine Atomverwandlung wirklich zu Stande kommt. Und schließlich geschieht es bei solchen seltenen Kerntreffern kaum einmal unter hundert, daß wirklich so schnelle H-Teilchen ausgesendet werden, daß deren Reichweite größer als 50 cm ist. In der weitaus überwiegenden Anzahl der Fälle ist die Reichweite der H-Teilchen nur ein Bruchteil dieses Wertes, d. h. die Zertrümmerung ist mit einem Verlust an Energie verbunden. Dies zeigt andererseits, daß das zertrümmernde Alphateilchen fast ausnahmslos mehr Energie beisteuert, als das abgetrennte H-Teilchen übernimmt. Und bei den übrigen bisher untersuchten Grundstoffen wird durch die Atomzertrümmerung, soweit man konstatieren konnte, immer nur Energie geopfert, die sicher bei der Loslösung des H-Teilchens aus dem Bann des Kerns verbraucht wird.

Man sieht also, daß Tatsachen der Atomzertrümmerung uns zwar lehren, wo die gewaltigsten Energievorräte der Natur zu finden sind, aber auch gleichzeitig zeigen, wie sie vom praktischen Standpunkt für uns Menschen unerreichbar sind. Es ist sicher, daß der Weg zum unbeschränkten Energiereichtum eines neuen goldenen Zeitalters, den die Forschung zurücklegen muß, ehe wir die Atomkerne zwingen können, für uns zu arbeiten (wenn dies überhaupt möglich sein sollte) lang und mühsam, und auch reich an Enttäuschungen sein muß. Trotzdem wird man aber immer wieder versuchen, dieses Ziel zu erreichen.

Versuche zur Elementverwandlung nach anderen Methoden.

Von Zeit zu Zeit erscheinen in der Presse oder sogar in der physikalischen oder chemischen Fachliteratur Berichte, worin es heißt, daß es irgendeinem Wissenschaftler oder Techniker gelungen sei, in meßbaren Mengen einen Grundstoff in einen anderen zu verwandeln. Entweder erzeugt man durch Bestrahlung verschiedener Stoffe mit Kathodenteilchen in Entladungsrohren Gase, welche vorher nicht darin enthalten waren, oder eine elektrische Kondensatorentladung wird durch einen feinen Draht aus irgendeinem schwer schmelzbaren Metall geschickt, wodurch dieser zur Explosion gebracht wird und seine vollständige Verwandlung in Heliumgas festgestellt wird. In anderen Fällen wieder ist die Methode in tiefes Schweigen gehüllt, man erfährt nur, daß unedle Metalle kiloweise in Gold oder Silber verwandelt werden, und der Erfinder bringt es zuweilen dahin, daß Kapitale herbeigeschafft und Fabriken gebaut werden um eine Transmutation technisch durchzuführen.

Es zeigte sich, daß bei allen derartigen Methoden, die bisher kritisch untersucht werden konnten, der vermeintliche Erfolg auf einem Übersehen einer Fehlerquelle beruht. Der Stoff, welchen man herstellen zu können glaubte, war schon von Anfang an im Ausgangsmaterial oder geriet während des Versuchs hinein. Die meistbesprochendsten Experimente dieser Art waren jene, welche vor wenigen Jahren von dem angesehenen Chemiker Miethe in Berlin und dessen Mitarbeiter Stammreich unternommen wurden. Im Quecksilber einer gewöhnlichen Quecksilberlampe, durch welche ein mehrere Ampère starker Strom während längerer Zeit hindurchgeleitet wurde, wurden wägbare Mengen Gold gefunden, die angeblich aus dem Quecksilber durch eine wirkliche Transmutation entstanden sein sollten. Prinzipiell schien es wohl nicht ausgeschlossen, daß einzelne der enorm zahlreichen Elektronen die durch den Quecksilberdampf strömen, während die Lampe brennt, bis zu dem Kern eines Quecksilberatoms dringend, von diesem eingefangen werden könnten und somit die charakteristische Kernladungszahl des Quecksilbers (+ 80) auf diejenige des Goldes (+ 79) herabzudrücken im Stande wären. Aber in diesem Fall müßte „das Gold aus dem Quecksilber" notwendigerweise ein von gewöhnlichem Gold abweichendes Atomgewicht haben, das mit dem Atomgewicht von irgendeinem Isotop des Quecksilbers übereinstimmen würde. Dies war jedoch nicht der Fall, wie eine Untersuchung des von Miethe gefundenen Goldes zeigte, dessen Atomgewicht von dem bekannten Meister auf diesem Gebiet, Hönigschmidt in München, bestimmt wurde. Als dann der berühmte Chemiker Haber, der Erfinder der Ammoniakmethode zur Gewinnung des Stickstoffdüngers aus der Luft, die Methode Miethes in seinem Laboratorium kritisch prüfen ließ, konnte diese vermeintliche Transmutation erklärt werden. Es zeigte sich, daß das Quecksilber bei der von Miethe verwendeten Art der Reinigung seines Ausgangsmaterials, von Gold nicht ganz befreit werden konnte. Weiter waren die Goldmengen, die auch nach langwieriger Behandlung des Quecksilbers aus demselben gewonnen werden konnten, nicht größer als jene, die den möglichen Verunreinigungen mit Gold entsprechen und, was besonders verdächtig erschien, die erzeugte Goldmenge konnte nicht über einen gewissen Grenzwert hinaus gebracht werden, wie lange man die Behandlung mit dem elektrischen Strom auch fortsetzte.[1]) Spätere, in Amerika ausgeführte, Versuche nach Miethes Methode aus natürlichem Quecksilber, welches ausnahmsweise ganz frei von Gold war, eine Spur dieses Metalls zu erhalten, scheiterten vollständig. Damit ist wohl auch dieser späte Versuch der Goldmacherei endgültig zu der großen Schar der zerstörten Illusionen zu rechnen. Auch etwas ähnliche, von zwei holländischen Forschern ungefähr gleichzeitig ausgeführte Versuche aus mit Starkstrom behandeltem Thallium und Blei, Quecksilber zu

[1]) Mit der von Habers Mitarbeitern vervollkommneten Methode, analytisch Gold nachzuweisen, lassen sich Mengen von weniger als zehnmillionstel Gramm dieses edlen Metalls beobachten und messen. Zum Vergleich mag genannt werden, daß man mittels Messungen des elektrischen Leitvermögens, welches die aus einer kleinen Menge Radium gebildete Emanation der Luft in einem Ionisationsgefäß gibt, Radium noch in Mengen von hundertbillionstel Gramm in einem Mineral nachweisen und messen kann.

gewinnen, hatten das gleiche Schicksal, so daß nunmehr die Atomzertrümmerung durch Alphateilchen als die einzige Methode dasteht, durch die bewiesenermaßen eine Verwandlung der Grundstoffe erreicht werden kann.

„Daß man nichts verschwören soll" gilt übrigens auch für das Transmutationsproblem. Denn, daß man schließlich mit anderen Mitteln als den Alphateilchen die Stabilität der Atomkerne überwinden könnte, ist keinesfalls ausgeschlossen. Doch dürfte der Weg dazu eher über die Atomstrahlen großer Geschwindigkeit führen, die mit elektrischen Spannungen von mehreren Millionen Volt erzeugt werden können, also eine Art künstliche Alphateilchen, als über Elektronen.

Sollte es sich in der Zukunft wirklich als möglich erweisen, in größeren Mengen einen Grundstoff in einen anderen zu verwandeln, so wird wahrscheinlich der Wert der erhaltenen Produkte gegenüber den hierzu geopferten, bzw. möglicherweise gewonnenen Energiemengen eine verschwindend kleine Rolle spielen. Mit anderen Worten, die Goldmacherei des Goldes wegen wird sich kaum jemals lohnen.

Ein modernes alchimistisches Laboratorium.

In der Emanationskammer des Radiuminstituts.

Ein alchimistisches Laboratorium . . . in der Phantasie taucht ein düsteres Gemach auf, dessen gotisch-gewölbte Decke sich im Halbdunkel verliert. Die Tische und Regale aus geschwärztem Eichenholz, beladen mit alten Manuskriptrollen, Kristallen, Astrolabien und Tierskeletten — über einem lodernden Kohlenfeuer schwere Metallretorten und große Glaskolben, ein grauhaariger Alter beugt sich über sie, magische Formeln murmelnd späht er in die siedende Flüssigkeit nach dem ersehnten Metall . . . .

Der Alchimist unseres Jahrhunderts bewegt sich wohl in einer mehr prosaischen Umgebung, aber die Erscheinungen, welche er beobachtet und die Naturkräfte, welche er sich dienstbar macht, sind nicht weniger phantastisch als jene, die sein mittelalterlicher Vorgänger zu beherrschen glaubte und durch Machtspruch zwingen wollte, das Wunder der Elementverwandlung zu vollbringen, d. h. unedles Metall in pures Gold zu transmutieren.

Laßt uns einen Blick in die Emanationskammer des Radiuminstituts werfen, in dem die Natur dieses Wunder von selbst vollzieht und wo wir, die Nachfolger der alten Magier, uns die Waffen holen, mit denen der Widerstand der Atome gebrochen wird. In einer kleinen Kammer von wenig mehr als zwei Metern im Geviert ist eine Wand fast bedeckt von einer reichgegliederten Glasapparatur mit großen quecksilbergedichteten Hähnen, Trockenröhren, die gefüllt sind mit einem schneeweißen, Feuchtigkeit bindenden Mittel, Glasballons und Zweigröhren — das Ganze mündet in eine große Quecksilberpumpe (rechts in Fig. 29 welche die Emanationsanlage bei elektrischem Licht zeigt).

Indem man das Quecksilber darin wechselweise hebt und senkt, kann man alle Luft aus der Apparatur herauspumpen. Deren innerster Teil (in der Figur am weitesten links) ist ein großer Glaskolben von zwei Litern Inhalt, dunkelviolett gefärbt, äußerlich durch einen Glaszylinder von tiefbrauner Farbe geschützt. Als vor 8 Jahren der

Glaskolben mit der Rohrleitung zusammengeschmolzen wurde, war dieser, wie auch der äußere Glaszylinder, ungefärbt wie gewöhnliches Glas. Damals wurde der Kolben mit dem größten Schatz des Radiuminstituts gefüllt, mit einer Lösung, welche mehr als ein ganzes Gramm Radiumelement in Form von Chlorid enthält und die intensive Strahlung, welche davon ausgeht, hat das wasserklare Glas im Laufe der Jahre braun gefärbt oder auch violett, je nach der Zusammensetzung des Glases.

Wird das Licht in der Emanationskammer gelöscht, so sieht man, wenn sich die Augen an das Dunkel gewöhnt haben, den Kolben und die davon ausgehende Rohrleitung bis zum geschlossenen Hahn in einem phosphorartigen Schimmer leuchten. Wird nun der Hahn geöffnet,

Fig. 29. Die Emanationsanlage bei elektrischem Licht.

so breitet sich der Lichtschimmer schnell in der übrigen Rohrleitung bis zur Quecksilberpumpe aus, deren leerer Glasbehälter auch davon erfüllt wird. Ein Pumpenschlag preßt den Inhalt in verdichteter, stärker leuchtender Form in einen kleinen Behälter herab, wo er über Quecksilber angesammelt wird. Nach einigen weiteren Pumpenschlägen ist der Behälter mit dem leuchtenden Nebel fast gefüllt, während in der Pumpe und in der zu ihr führenden Rohrleitung der Schein abnimmt. Fig. 30 zeigt die Glasapparatur der Emanationskammer, mit dem leuchtenden Gas gefüllt, in ihrem eigenen Licht photographiert.[1]) Der Hals des Radiumkolbens, welcher über den Rand des Schutzzylinders (in der Figur links) aufragt, leuchtet ganz

[1]) Diese Photographie, welche die erste ihrer Art sein dürfte, wurde durch Exposition während einer ganzen Nacht mit einem äußerst lichtstarken Objektiv erhalten.

schwach. Die am stärksten leuchtende Kugel ist ein Glasballon, welchen man an den Radiumkolben anschließt, um das sich entwickelnde Gas anzusammeln, wenn dieser während längerer Zeit nicht ausgepumpt wird.

Der leuchtende Nebel, welcher von der Radiumlösung abgepumpt werden kann und ständig aus dieser neu gebildet wird, besteht zum größten Teil aus Knallgas, d. i. einer explosiven Mischung aus Wasserstoff- und Sauerstoffgas, gebildet durch die Zersetzung des Wassers in der Radiumlösung unter dem Einfluß der Strahlen.[1]) In 24 Stunden werden davon ungefähr 30—40 cm^3 gebildet. Läßt man in einem starkwandigen Glasbehälter (in den Figg. 29 und 30 ganz unten) durch das abgepumpte Gas einen elektrischen Funken schlagen,

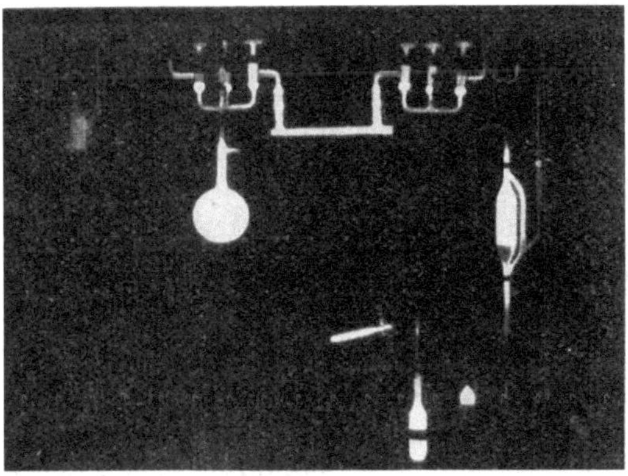

Fig. 30. Die Emanationsanlage in ihrem Eigenlicht.

so wird dieses zur Explosion gebracht, Sauerstoff und Wasserstoff vereinigen sich wieder zu Wasser, wobei das Volumen zu einem Bruchteil des ursprünglichen verringert wird, während das Leuchten der konzentrierten Emanation an Stärke gleichzeitig vervielfacht wird.

Das Licht geht hauptsächlich von den Glaswänden der Apparatur aus, die durch die radioaktiven Strahlen der Emanation zum Leuchten angeregt werden. Wie in dem Vorhergehenden besprochen wurde, wird Emanation bei dem Zerfall des Radiums gebildet. Sie ist ein gasförmiger Stoff, ähnlich den in der Atmosphäre selten vorkommenden Edelgasen, ist in hohem Grade radioaktiv und schleu-

[1]) Diese Bildung von Knallgas findet auch statt, sowie die in fester Form in die Glasröhre eingeschmolzenen Radiumpräparate Feuchtigkeit enthalten und kann Explosionen verursachen, welche einen größeren oder kleineren Verlust des kostbaren Stoffes zur Folge haben.

dert unaufhörlich Bruchstücke ihrer im Zerfall begriffenen Atome aus. Da das Radium sehr langsam zerfällt, die Emanation hingegen hundertfünfzigtausendmal schneller, so ist die Emanationsmenge, welche dem Radiumkolben auf einmal entnommen werden kann, die sogenannte Gleichgewichtsmenge, äußerst klein und würde in reiner Form bei Atmosphärendruck eine Gasblase von Stecknadelkopfgröße bilden. Aber diese kleine Gasmenge sendet, dank ihres schnellen Zerfalls, Strahlen aus, welche beinahe ebenso intensiv sind wie jene, die von der Radiummenge im Kolben ausgehen. Sie besitzt somit den größten Teil der totalen „Aktivität".

In schmale, nähnadelfeine, dünnwandige Glasröhren eingeführt, wird die Emanation seit einigen Jahren zur Bekämpfung der furchtbaren Krebskrankheit verwendet. Die mit Emanation gefüllten Glasnadeln werden auf der Krebsgeschwulst angebracht oder auch in diese eingeführt und üben dortselbst den zerstörenden Einfluß der Radiumstrahlung auf die aufrührerischen Zellkolonien aus, in Fällen, wo diese dem Messer des Chirurgen unerreichbar sind.

Die Reinigung der Emanation.

Im Radiuminstitut wird die Emanation für eine andere Art von Kriegführung verwendet, nämlich zur Beschießung der Atome, um durch deren Zertrümmerung die von den Alchimisten ersehnte Elementverwandlung zu erreichen. Soll Emanation hierzu verwendet werden, so muß sie noch konzentrierter sein, als es bloß nach Entfernung des Knallgases, durch Explosion zu Wasser, der Fall ist. Nach diesem Vorgang ist sie nämlich noch stark mit anderen Gasen verdünnt, hauptsächlich mit Wasserstoff, welcher immer im Überschuß vorhanden ist, ebenso wie mit Kohlenwasserstoffen und Kohlensäure. Letztere entstehen durch die Einwirkung der Radiumstrahlen auf das Fett, welches zum Dichten der Hähne in der Apparatur verwendet wird.

Das Gas, dessen Volumen ein paar Kubikzentimeter beträgt, wird deshalb nach der Explosion in einen kleinen Glasbehälter eingefüllt, der an das Explosionsgefäß angeschlossen ist (auf Fig. 30 etwas unterhalb der Mitte des Bildes zu sehen). Die Innenwand dieses Behälters ist mit festem Kali überzogen, das die Kohlensäure zurückhält. Eingeschlossen in diesem Glasbehälter, wird die Emanation in eine zweite im oberen Stockwerk befindliche Emanationskammer hinaufgetragen und die Reinigungsarbeit dortselbst fortgesetzt. Die rückständigen Verunreinigungen sind zum größten Teil Gase, von denen die Emanation mit Hilfe von flüssiger Luft befreit werden kann. Bei deren Temperatur (-190^0) wird nämlich die Emanation fest, so daß die „permanenten" Gase, mit denen sie gemischt ist, abgepumpt werden können.

Um dies zu erreichen, läßt man die Gasmischung langsam durch ein schmales, U-förmig gebogenes Glasrohr hindurchstreichen, welches in einen Thermosbecher mit flüssiger Luft eingetaucht ist. Unmittelbar über der Stelle, wo das U-Rohr in die flüssige Luft taucht, setzt sich die Emanation ab und wird für ein im Dunkel ausgeruhtes Auge als ein in smaragd-, bisweilen rubinfarbigem Schimmer strahlender Ring an der Innenseite der Glasröhre sichtbar. Mit einer Quecksilberpumpe werden die anderen Gase von der gefrorenen Emanation abgesaugt und wenn ein hinreichend niedriger Druck erreicht ist, wird das U-Rohr mit einem luftleeren Glasbehälter verbunden, worauf man die flüssige Luft entfernt. Man sieht dann innerhalb einiger Sekunden, wie sich der Glasbehälter mit dem bekannten Phosphorschimmer füllt, ein Zeichen, daß die gefrorene Emanation wieder gasförmig geworden ist. Wird der Glasbehälter von unten mit Quecksilber gefüllt, so kann die gereinigte Emanation darüber zu einer intensiv leuchtenden Glasblase von einigen Hundertstel Kubikzentimetern Inhalt zusammengepreßt werden. Indessen ist der leuchtende Ring in der U-Röhre, in welcher die Emanation gebunden war, nicht verschwunden. Der Schimmer bleibt noch einige Zeit, nachdem die Emanation wieder entfernt wurde, bestehen, ein Zeichen, daß diese in gefrorenem Zustand ihre aktiven Abkömmlinge, Radium A, B und C abgesetzt hat. Diese beschießen die Glaswand noch eine gewisse Zeit mit Atomfragmenten, während sie weiter zerfallen, und der Ring allmählich verschwindet.

Die Emanation hat damit den nötigen Grad der Reinheit erlangt, so daß man aus derselben deren Folgeprodukte, Radium A, B und C herstellen kann. Das letztgenannte Element ist die Strahlenquelle, welche größtenteils zur Sprengung der Atome verwendet wurde. Bei gewissen Messungen, für welche eine besonders intensive und außerdem konstante Alphastrahlung erforderlich ist, wie bei dem Versuch, Atomfragmente während des Fluges zu wägen, ist es vorteilhafter, die Emanation selbst, zusammen mit deren nächsten Zerfallsprodukten, zu verwenden. In diesem Fall nimmt nämlich die Strahlung nicht wie ein Präparat Ra B + C ab, das während einer halben Stunde die halbe Stärke einbüßt, sondern im langsameren Tempo des Emanationszerfalls, ungefähr 15 % in 24 Stunden.

Zu diesem Zweck wird die Emanation in eine nähnadelfeine Glaskapillare eingeschlossen, ähnlich der, welche die Ärzte gegen Krebs anwenden — aber noch viel dünnwandiger, so daß die Alphateilchen hindurchfliegen können, und ohne große Einbuße an Geschwindigkeit in den Grundstoff, dessen Zertrümmerung man beobachten will, einschlagen. Damit die Emanation in einer solchen Glaskapillare Platz findet, muß sie erst zu einem größeren Reinheitsgrad konzentriert werden, d. h. auf ein kleineres Volumen als es durch Ausfrieren mit flüssiger Luft allein möglich ist, gebracht werden.

Die Konzentration der Emanation zu reiner oder beinahe reiner Form stößt auf recht große technische Schwierigkeiten, weil die intensive Strahlung der reinen Emanation sowohl aus Gummischläuchen als auch aus Hahnfett Gase sehr rasch freimacht, also

Fig. 31. Apparat für die Hochkonzentration von Emanation bei elektrischem Licht.

gerade aus den Stoffen, welche zur Verbindung verschiedener Teile einer Glasapparatur miteinander verwendet werden. Diese Gasbildung geschieht so schnell, daß reine Emanation in Berührung mit Hahnfett in einigen Minuten ihr Volumen verzehnfachen kann. Man muß infolgedessen Apparate ohne Gummi und auch ohne gefettete Hähne verwenden, in denen die Emanation nur mit Glas und Quecksilber in Berührung kommt. Einen solchen Apparat, welcher im Radiuminstitut verwendet wird, zeigt Fig. 31 bei elektrischem Licht und Fig. 32 selbstleuchtend. Dessen wichtigster Teil besteht aus drei U-Röhren, welche in einer Reihe aneinandergeschmolzen sind und in welchen die Emanation allmählich mittelst flüssiger Luft gefroren wird. Von dem letzten U-Rohr[1]) kann sie in gereinigter Form in einen Behälter überströmen, der nach oben in eine feine Ka-

[1]) Nummer 2 von links gerechnet. Das darauffolgende längere Rohr mit einer Verzweigung nach unten, ist eine Quecksilbersperre, welche den Hahn ersetzt.

pillare (Fig. 33) mündet, in welche von unten Quecksilber eingefüllt wird. Dann wird die Kapillare abgeschmolzen.

Dieser Vorgang, bei welchem die schon intensiv strahlende, äußerst zerbrechliche Glasnadel mit den Fingerspitzen gehalten werden muß, ohne sie zu zerdrücken, währenddem man sie mit einer Stichflamme von dem Ansatzrohr abschmilzt, erfordert gute Nerven. Es erwies sich als möglich, auf diese Weise bis zu 300 Millicurie Emanation einzuschließen, d. h. die mit 300 Milli-

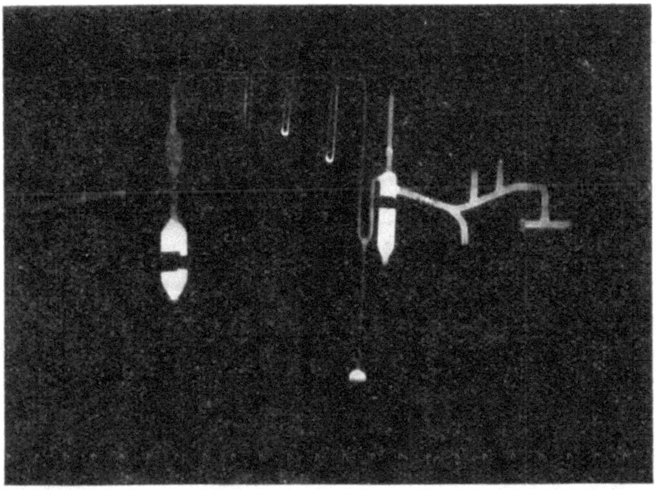

Fig. 32. **Apparat für die Hochkonzentration von Emanation in ihrem Eigenlicht.**

gramm Radium im Gleichgewicht stehende Emanationsmenge in eine Glaskapillare hineinzubringen, welche 10 mm lang und weniger als 1 mm breit ist und Wände von ungefähr 0,006 mm Dicke hatte. Da die Kapillaren in der Regel bei starkem Unterdruck abgeschmolzen werden, muß man sie in einem luftleeren Behälter aufheben. Mit einer dünnwandigen emanationsgefüllten Glasnadel, welche zwischen zwei Versuchen in Luft von gewöhnlichem Druck aufbewahrt wurde, geschah es, daß der äußere Luftdruck die eine Wand eindrückte, so daß sie sogar konkav wurde, ohne daß deshalb die Emanation entwich.

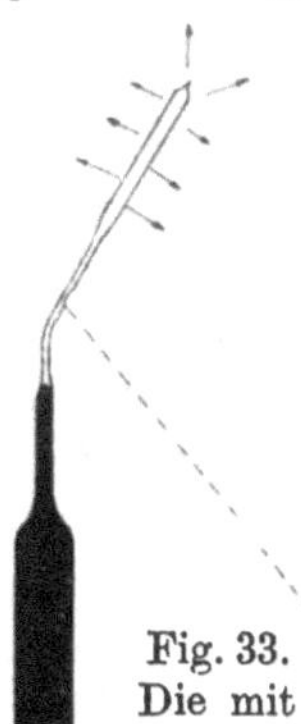

Fig. 33. Die mit Emanation zu füllende Glaskapillare.

Auch für Untersuchungen des Emanationsspektrums, bei denen der größte Reinheitsgrad erforderlich ist, wurde die hier geschilderte Konzentrierungsanordnung verwendet.

Die Herstellung von Radium B + C.

Von allen Mitgliedern der Uran-Radiumdynastie schleudert das Radium C, das dritte Glied nach der Emanation, die schnellsten Alphateilchen mit einer Reichweite von 7 cm aus. Ist die Emanation in Berührung mit festen Gegenständen, wie den Wänden des Behälters, in dem sie eingeschlossen ist, so setzt sie daran ihre nächsten Produkte, Radium A, B und C ab. Radium B sendet nur Betateilchen aus, während sowohl Radium A wie C Alphateilchen abgeben.[1]) Die Ausbeute dieser Stoffe wird wesentlich größer, wenn der Gegenstand, welcher „aktiviert" werden soll, negativ geladen ist, da die neugeborenen „Rückstoßatome" selbst positive Ladung besitzen und deshalb von einem negativ geladenen Gegenstand angezogen werden. Wird ein negativ geladenes Plättchen auf diese Weise im Verlauf einiger Stunden in Emanation aktiviert, so setzt sich auf demselben eine gewisse Anzahl der während dieser Zeit gebildeten aktiven Produkte ab. Der Belag ist vollkommen unsichtbar, auch bei starken Präparaten erreicht er nur einige millionstel Milligramm, aber seine Alphastrahlung kann so intensiv sein, daß die Luft in der Nähe des Plättchens förmlich stinkt nach in Ozon verwandeltem Sauerstoff. Hält man das Plättchen so nahe an Türrahmen, welche mit Zinkweiß bemalt sind, daß deren Farbe von den Alphastrahlen erreicht wird, so leuchtet diese im Dunkeln auf.

Die elektrische Aktivierungsmethode gibt in der Regel eine recht schlechte Ausbeute und besitzt außerdem den Nachteil, daß der aktive Belag nur unvollkommen an der Unterlage haftet und leicht davon abgestreift werden kann, ein für Untersuchungen der Atomzertrümmerung sehr ungünstiger Umstand. Im Radiuminstitut hat man deshalb seit mehreren Jahren eine andere Methode verwendet, welche die Emanation zwingt, ihre Folgeprodukte mehr quantitativ abzugeben. Durch starke Kälte wird sie gezwungen, auf dem Plättchen, welches aktiviert werden soll, auszufrieren und durch fortgesetzte Abkühlung wird sie dort so lange gefangen gehalten, bis die „Gleichgewichtsmenge" von Radium A, B und C beinahe erreicht ist, das sind ungefähr $2\,^1/_2$—3 Stunden. Teils muß sich auf diese Weise ein großer Teil der neugebildeten Atome auf der Unterlage absetzen, teils werden sie durch die Rückstoßwirkung beim Zerfall, wenn die Alphateilchen ausgeschleudert werden, so in diese eingehämmert, daß deren Oberfläche vorsichtig mit feinem Schmirgelpapier poliert werden kann, ohne daß ein größerer Teil der Aktivität verlorengeht.

---

[1]) Vgl. die Fußnote auf S. 13. Die Alphateilchen von 7 cm Reichweite stammen eigentlich aus dem Zerfallsprodukt des Ra C, aus Ra C'.

Die einfache Anordnung, deren man sich zur Herstellung eines Radium B + C-Präparates nach der Kondensationsmethode bedient, ist im Hochschnitt in Fig. 34 abgebildet. Sie besteht aus einem kleinen Behälter aus geschmolzenem, glasklarem Quarz, welcher unten durch einen sorgfältig eingeschliffenen konischen Stöpsel aus Nickelstahl „Invar“ geschlossen ist, ein Material, das bekanntlich eine äußerst geringe Wärmeausdehnung besitzt. Da geschmolzener Quarz dieselbe Eigenschaft hat, kann der Stöpsel, wenn er gut eingeschliffen und mit einer äußerst geringen Menge von Gummifett gedichtet ist, trotz bedeutenderer Temperaturveränderungen luftdicht halten. In den vorher evakuierten Apparat wird trockene und kohlensäurefreie Emanation eingefüllt, hierauf wird der Invarstöpsel gekühlt, indem man eine Kupferröhre, die seine Fortsetzung bildet, unten in flüssige Luft eintaucht. Nach einigen Minuten ist der ganze Stöpsel auf —190° abgekühlt, während das schlechte Wärmeleitungsvermögen des Quarzes verhindert, daß sich die Kälte über die übrigen Teile des Behälters verbreitet. Nach „dem Gesetz der kalten Wand“ setzt sich bald alle Emanation in gefrorenem Zustand an die obere Fläche des Stahlstöpsels, was man daran merkt, daß sich das schöne blaue Licht, welches der Quarz während der Alphabestrahlung aussendet, in den unteren Teil des Behälters zurückzieht und sich bald zu einem intensiv leuchtenden Ring an der oberen Kante des Stahls verdichtet, wo die Beschießung mit Alphateilchen aus der gefrorenen Emanation am stärksten ist.

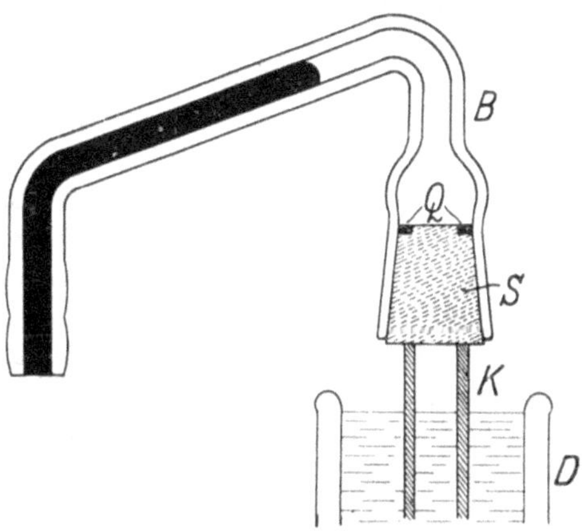

Fig. 34. Die für Aktivierung mit flüssiger Luft benutzte Anordnung.

Nachdem die Emanation mehrere Stunden lang an der Oberfläche des Stahls festgehalten wurde, damit sich die aktiven Folgeprodukte bilden konnten, wird die flüssige Luft entfernt, worauf man bald den wohlbekannten Lichtnebel sich über das Innere des Behälters ausbreiten sieht, ein Zeichen dafür, daß die Emanation wieder in Gasform übergegangen ist. Diese kann nun mit einer Quecksilberpumpe abgesaugt werden, der Stöpsel wird herausgenommen und das darin eingeschraubte Plättchen, welches dessen obersten Teil bildet, wird losgeschraubt. Seine Oberfläche ist mit einem unsichtbaren Belag von Ra A, B und C bedeckt.

Ehe das auf diese Weise hergestellte aktive Präparat (bei gewissen Versuchen verwendet man statt des Plättchens einen im oberen Teil des Stöpsels befestigten flachen Ring aus Nickelstahl, in Fig. 3 bei *Q* als zwei schwarze Vierecke sichtbar) als Strahlungsquelle bei Atomzertrümmerungsversuchen benützt werden kann, müssen alle Spuren einer noch daran haftenden Emanation entfernt werden. Das Präparat wird deshalb zuerst mit Alkohol gewaschen, dann in eine Röhre aus schwer schmelzbarem Glas hineingegeben, aus welcher die Luft herausgepumpt wird. Hierauf erhitzt man die Röhre in einem elektrischen Ofen bis zu schwachem Glühen. Dann nimmt man das Präparat heraus, putzt es mit Schmirgelpapier und bestimmt seine Aktivität. Dies geschieht sehr einfach, indem man mißt, wie schnell dessen durchdringende Gammastrahlung, durch eine zentimeterdicke Bleiplatte filtriert, ein dahinter aufgestelltes Elektroskop entladen kann. Die betreffende Anordnung ist mit einem Radiumstandard im voraus geeicht worden, so daß die Stärke des Präparates direkt mit der Anzahl Milligramm Radium, welche dessen Strahlung entspricht, angegeben werden kann. Ist sie für den Zweck des Versuches zu stark, so wird die überflüssige Aktivität durch Polieren mit Schmirgelpapier entfernt und die Messung wird wiederholt.

Eine mit Ra C aktivierte Platte oder ein Ring, dessen Gammastrahlung ein Elektroskop ebenso schnell entlädt als die Gammastrahlung von 10 Milligramm Radium, schleudert in jeder Sekunde 370000000 Alphateilchen aus. Diese Batterie, die zur Beschießung der Atome anderer Elemente verwendet werden soll, liefert somit eine Anzahl Projektile, die das „Trommelfeuer" der Sommeschlacht bei weitem übertrifft. Auch die Reichweite, 7 cm in Luft, wirkt im Verhältnis zur Größe des Geschosses imponierend. Die weitreichenden Kanonen der Deutschen, mit welchen sie Paris aus einer Entfernung von über 100 km beschossen, warfen ihre Granaten eine Strecke weit, die einige hunderttausendmal größer war als ihr Kaliber. Das Alphateilchen durchfliegt in der Luft einen Weg, der billionenmal größer ist als sein eigener Durchmesser, trotzdem es gleichzeitig einige Hunderttausend andere Atome, denen es begegnet, durchbohrt. In einem ganz luftleeren Raum, in dem seiner Reichweite keine Grenze gesetzt wäre, würde es z. B. die Entfernung zwischen Sonne und Erde in einigen Stunden zurücklegen.[1]) Mit diesen Tatsachen vor Augen dürfte man wohl vor der Artillerie der Atome einen gewissen Respekt bekommen.

---

[1]) Man war früher im unklaren, ob die Korpuskeln, welche, von der Sonne kommend, in die höchsten Schichten der Erdatmosphäre eindringen und dort die

Ein auf die oben besprochene Weise hergestelltes Präparat enthält anfangs die drei nächsten Folgeprodukte der Emanation Radium A, B und C untereinander im Gleichgewicht. Wird die Aktivierung abgebrochen, so werden diese von der Emanation getrennt, so daß eine Neubildung von Ra A nicht weiter stattfinden kann. Da die Verwandlung dieses Elements viel schneller vor sich geht, als die der folgenden Produkte, so hat das Radium A Zeit, so gut wie vollständig zu verschwinden, ehe die Vorbehandlung des Präparats und seine Messung abgeschlossen wird. Dieses enthält nachher nur Ra B und C, wovon das erstere als das langsamer zerfallende das Tempo des Abklingens bestimmt. Ein solches Präparat verliert in ungefähr einer halben Stunde die Hälfte seiner Stärke, so daß seine Strahlung nach zwei Stunden auf ein Sechzehntel seiner Anfangsintensität abnimmt. Aus diesem Grunde müssen die Messungen, bei denen diese Präparate als Strahlungsquelle verwendet werden, mit einer gewissen Eile ausgeführt werden, weil sonst das Alphabombardement zu schwach wird. Tritt bei der Behandlung und Messung des Präparats oder bei dessen Einführung in den Versuchsapparat eine Verzögerung ein, so wird dadurch die Zeit, in welcher Beobachtungen von Atomfragmenten ausgeführt werden können, verkürzt. Dies kann leicht zur Folge haben, daß ein Versuch überhaupt mißglückt, so daß ein Tag vorbereitender Arbeit eines ganzen Stabes von Mitarbeitern vergeudet ist.

Das Zählen der Atomfragmente.

Die früher geschilderte Reinigung der Strahlungsquelle von jeglicher Spur anhaftender Emanation ist absolut notwendig, um der sogenannten „radioaktiven Verseuchung" vorzubeugen, d. h. dem spurenweisen Vorkommen Alphastrahlen aussendender Fragmente im Versuchsapparat an anderen Stellen als der Strahlungsquelle. Auch wenn eine geringe Anzahl von Alphateilchen aus einer Spur Emanation oder losgelösten Ra C-Fragmenten auf den Zinksulfidschirm fällt, so kann sie genügen, um das Erkennen des Vorhandenseins seltener Atomtrümmer zu verhindern. Deswegen können solche Versuche unmöglich im Radiuminstitut selbst gemacht werden, da dessen Luft in der Regel merkbare Spuren von Emanation enthält, sondern müssen in ein angrenzendes Gebäude verlegt werden, in welchem die physikalischen Institute der Wiener Universität untergebracht sind.

seltsamen Nordlichterscheinungen (welche von magnetischen Stürmen an der Erdoberfläche begleitet sind) hervorrufen, Elektronen oder Alphateilchen sind, die von radioaktiven Verwandlungen in der Sonnenatmosphäre stammen. Die erstgenannte Erklärung gilt nunmehr als die richtige.

Beide Gebäude sind durch eine eingebaute Brücke verbunden, über welche das fertige Präparat zum Versuchszimmer getragen wird, wo alles vorbereitet sein muß, um dieses in Empfang zu nehmen.

Um ein Loslösen von Spuren des aktiven Präparates, die eine Verseuchung des Apparates hervorrufen können, zu verhindern, wird die blankpolierte Platte oder der Ring in eine schwache Lösung von Zelluloid in absolut wasserfreiem Alkoholäther hineingetaucht. Nachdem das Lösungsmittel verdunstet ist, scheint die Oberfläche in den Farben des Regenbogens zu spielen, ein Zeichen, daß sich eine

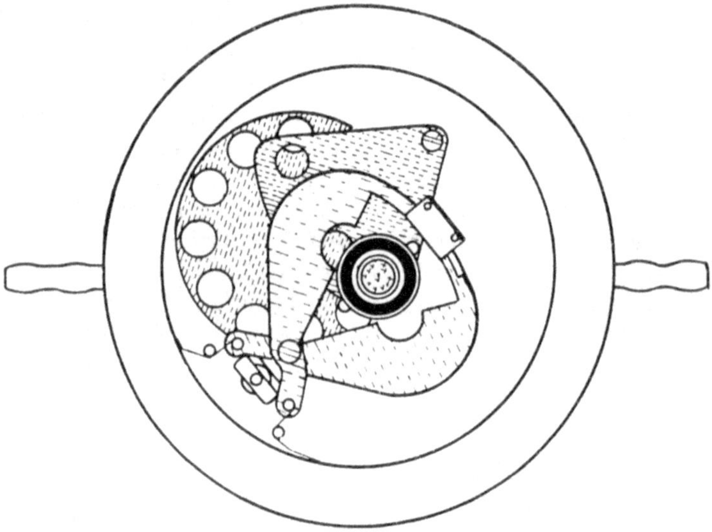

Fig. 35. Atomzertrümmerungsapparat offen, von oben gesehen.

sehr dünne Haut von Zelluloid darübergezogen hat, welche von den Alphateilchen ohne nennenswerte Bremsung durchschlagen werden kann, während das Lostrennen von Teilchen des aktiven Beschlages erschwert wird. Während die Strahlungsquelle auf oben geschilderte Weise hergerichtet wird, muß der Versuchsapparat selbst vorbereitet werden und in seiner Gänze, ebenso wie die Substanzplatten jener Elemente, welche darin untersucht werden sollen, durchprüft werden, ob er auch frei von jeglicher „radioaktiven Verseuchung“ ist.

Jene Art Zertrümmerungsapparat der sich unter wohl einem Dutzend anderer durchprobierter Konstruktionen als am zweckmäßigsten erwiesen hat, wird in Fig. 35 und 36 wiedergegeben. Fig. 35 gibt den Apparat offen, Fig. 36 einen Vertikalschnitt desselben an. Die hier ringförmige Strahlenquelle ist schwarz gezeichnet, Fig. 36 zeigt sie im Querschnitt als zwei geschwärzte Vierecke, auf einer ebenso ringförmigen Unterlage von Blei oder Gold ruhend (doppelt schraffiert), welche die durchdringenden Strahlen des Präparates verhindert, ungeschwächt den Zinksulfidschirm zu erreichen, der mit kleinen Kreuzen markiert ist. Von den 30 mm im Durchmesser betragenden Plättchen jener Elemente, die untersucht werden sollen, sind drei oder vier, auf einem drehbaren Halter über der Strahlungsquelle angebracht (auf Fig. 36 im Querschnitt sichtbar), so daß sie nacheinander gerade darüber eingestellt werden können. Die Atomtrümmer, die dabei aus den bombardierten Atomen herausfliegen, können zum Teil zu dem Szintillationsschirm gelangen, indem sie den Kanal durchfliegen, welcher lotrecht durch den alphastrahlenden Ring herabführt. In die Flugbahn dieser Atomfragmente können

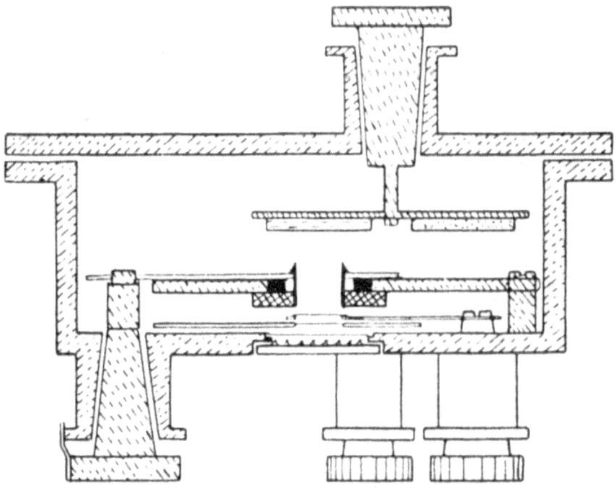

Fig. 36. **Atomzertrümmerungsapparat im Vertikalschnitt.**

dünne Glimmerblättchen, auf zwei Messinghaltern angebracht, unmittelbar vor dem Schirm durch Drehung von zwei in den Boden des Apparates eingeschliffenen Stöpseln eingeführt werden. Ein dritter Schliff ermöglicht es, die Strahlungsquelle mit einem Verschluß von Messinglamellen zu überdecken, so daß die Alphabestrahlung der Substanz aufhört. Der ganze Apparat ist in eine evakuierbare Hülle von dickem Messing eingeschlossen, welche durch sorgfältig plangeschliffene Flanschen verschlossen ist. Durch zwei Zuleitungsrohre, die auf Fig. 35 eingezeichnet sind, wird die Luft ausgepumpt, oder werden andere Gase eingeleitet.

Wenigstens eine halbe Stunde vor dem Versuch müssen die Personen, welche die Szintillationen zählen sollen, in Dunkelhaft sitzen, damit ihre Augen die größtmöglichste Empfindlichkeit bekommen. Erst wenn alles fertig ist, die Strahlenquelle auf ihrem

Platze, und der Apparat luftleer oder auch mit reinem Heliumgas gefüllt ist, werden sie hereingeführt und die Zählung beginnt, indem einer nach dem andern vor dem Mikroskop Platz nimmt. Durch dicke Bleiklötze, welche der Gammastrahlung in den Weg gelegt werden, verhindert man, daß diese den Kopf des Zählers ungeschwächt erreicht, da sonst die Empfindlichkeit seiner Augen rasch herabgesetzt wird. Der Protokollführer sitzt hinter einem Schirm, mit seinem Protokoll von einer roten Dunkelkammerlampe beleuchtet, und der Versuchsleiter stellt sich zum Apparat, den er hinreichend gut kennt, um auch im Dunkeln die gewünschte Substanz zur Bestrahlung einstellen zu können, oder eine gewisse Absorption in den Weg der Atomfragmente einschalten zu können, ohne daß die Zähler davon wissen. Auf Befehl des Protokollführers beginnt der betreffende Zähler die Szintillationen, die er im Mikroskop sieht, laut zu zählen. Nach einer gewissen Zeit, in der Regel nur 20—30 Sekunden, wird „Stopp" gerufen und die Gesamtzahl der beobachteten Szintillationen wird in dem Protokoll verzeichnet, ebenso wie die Kombination von bestrahlter Substanz und benutzten Absorptionsglimmer, welche während der Zählung eingestellt waren und nachher vom Versuchsleiter dem Protokollführer mitgeteilt werden.

Des öfteren werden während der Zählung die in den Apparat eingebauten Strahlungsquellen für Alpha- oder H-Teilchen vor dem Schirm eingeschaltet, so daß der Zähler die Möglichkeit hat, deren Szintillationen mit jenen, welche er bestimmen soll, zu vergleichen. Ebenso wird die Strahlungsquelle dann und wann mit dem Verschlußmechanismus überdeckt, um festzustellen, daß dann keine oder höchstens vereinzelte Szintillationen zu sehen sind, d. h. keine nennenswerte radioaktive Verseuchung im Apparat vorhanden ist. Sollte dies gleichwohl der Fall sein, so muß der Versuch unterbrochen werden, bis die Verseuchung entfernt ist, was jedoch meistens gleichbedeutend mit dem Aufgeben des Versuchs ist.

Obwohl die Zähler untereinander abwechseln und zwar unter Einschaltung einer Ruhepause von einigen Minuten nach jeder zweiten Zählperiode, ist die Anstrengung des Beobachters der lichtschwachen Szintillationen so groß, daß sich deutliche Anzeichen von Müdigkeit einstellen, wenn die Zählung länger als 1—1$^1/_2$ Stunden dauert. Auch mit dieser Beschränkung darf derselbe Zähler nicht öfter als höchstens zweimal in der Woche verwendet werden, da sich sonst bald chronische Ermüdungserscheinungen zeigen und die Resultate unzuverlässig werden.

Es beruht in hohem Grade auf Art und Stärke der Strahlungsquelle, wie der Zinksulfidschirm bei einem Zertrümmerungsversuch auf ein ausgeruhtes Auge wirkt. Ist diese Radium C und ist das Präparat stark, sowie ganz im Anfang einer Versuchsreihe, so beobachtet man ein deutliches diffuses Leuchten des Zinksulfidschirms. Dessen körnige Struktur tritt dabei merkbar hervor, was eine Wirkung der durchdringenden Gammastrahlung aus dem Präparat ist. Von diesem hellen Hintergrund heben sich die Szintillationen nicht deutlich ab, und besonders schwer zu erkennen sind die schwachen Szintillationen der H-Teilchen. Indem der Versuch fortschreitet und die Strahlungsquelle abklingt, verringert sich das Leuchten des Hintergrundes und die Lichtblitze heben sich besser ab, ungefähr so, wie die schwächeren Sterne auf dem dunkler werdenden Nachthimmel hervortreten. Das ist die Ursache, warum die relative Ausbeute der Teilchen unter im übrigen gleichen Verhältnissen im Verlauf eines Versuches zunimmt und am Schlusse desselben das Höchstausmaß zu erreichen scheint, wenn die Strahlungsquelle schon so schwach ist, daß der Schirm fast gar nicht mehr leuchtet. Nach unseren Erfahrungen bildet das diffuse Leuchten des Zinksulfidschirms eine der größten Schwierigkeiten beim Zählen der Atomfragmente und bewirkt, daß die langsamsten von diesen, deren Szintillationen auch am schwächsten sind, bei manchen Versuchen überhaupt ganz übersehen wurden. Wir haben deshalb in Wien durchgehends mit relativ schwachen Strahlenquellen gearbeitet und sind im Laufe der Jahre dazu übergegangen, meistens das von durchdringenden Strahlen ganz freie Element Polonium, an Stelle des Ra C, als Quelle für Alphateilchen anzuwenden. Der Zinksulfidschirm erscheint unter solchen Verhältnissen fast ganz schwarz, wodurch die Sichtbarkeit der Lichtblitze möglichst günstig ist.

Fig. 37 und 38 zeigt, was man im Zählmikroskop bei einem Zertrümmerungsversuch sieht, in einem Fall mit, im anderen Fall ohne ein stärkeres Leuchten des Hintergrundes.[1]) Der Hintergrund der Bilder ist in beiden Fällen eine wirkliche Photographie des Zinksulfidschirms, aufgenommen durch das bei der Zählung benützte Mikroskop, in Fig. 37 weich, in Fig. 38 sehr hart kopiert. Die Szintillationen, deren Lichtstärke zu schwach ist, um auf einer wirklichen Photographie sichtbar zu sein, sind in die Platte eingezeichnet worden, und zwar in den ungefähr richtigen Stärkeverhältnissen zwischen Alpha- und H-Szintillationen. Auf beiden Bildern sieht man zwei der ersteren und drei der letzteren, also eigentlich mehr als bei einer wirklichen Zählung gleichzeitig vorzukommen pflegen. Obgleich die Bilder somit künstlich sind, geben sie doch eine gute

[1]) Erscheinen im Gesichtsfeld des Mikroskops mehr als 60 Szintillationen in der Minute, so werden die Zählungen unzuverlässiger, und der Zähler muß die beobachtete Anzahl gruppenweise ansagen. Andererseits sollen wenigstens 15 Szintillationen per Minute auf dem Schirm zu sehen sein, sonst sind die Beobachtungen auch nicht einwandfrei.

Vorstellung davon, wie schwer es ist, die Szintillationen zu zählen, wenn ein kräftiges Hintergrundsleuchten vorhanden ist, im Vergleich mit einem Versuch, bei dem die Strahlungsquelle ein schwaches Ra C- oder ein Poloniumpräparat ist.

Bei einem geglückten Atomzertrümmerungsversuch kann in der Regel nur *ein* Grundstoff mit einer hinreichenden Anzahl Absorptionsstufen, in die Bahn der Teilchen eingeschaltet, untersucht werden, denn bei jeder Absorption muß von verschiedenen Zählern mehr-

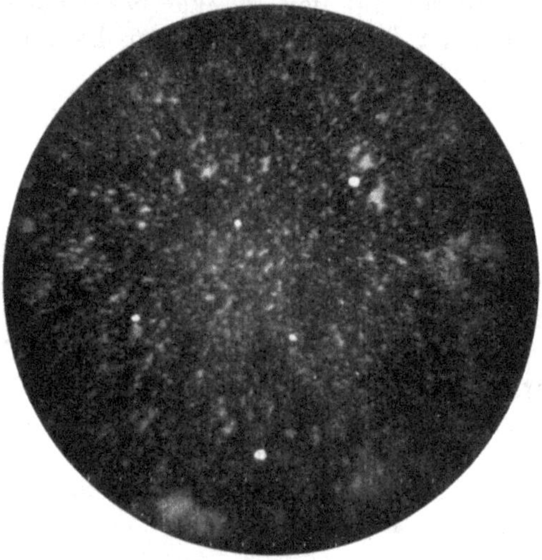

Fig. 37. Aussehen der Szintillationen im Mikroskop mit Hintergrundsleuchten des Zinksulfidschirmes (schwach kopiert).

mals gezählt werden, damit ein zuverlässiger Mittelwert berechnet werden kann. Nach solchen Versuchen muß das im Protokoll vorliegende Resultat gewissen Berechnungen unterworfen werden. War die angewendete Strahlenquelle Ra C, so muß zuallererst deren Stärke zur Zeit jeder einzelnen Beobachtung aus der bekannten Zerfallsgeschwindigkeit dieses Elements ausgerechnet werden, so daß die gezählten Szintillationen zu einem bestimmten (konstanten) Wert der Alphabestrahlung umgerechnet werden können. Aus den geometrischen Verhältnissen des Versuchsapparates überlegt man sodann, ein wie großer Bruchteil der von der Strahlenquelle allseitig ausgeschleuderten Alphateilchen auf die Substanzscheibe auftrifft, die sog. „Primärausbeute". Ebenso berechnet man, wie viele der aus der Substanz nach allen Seiten herausfliegenden Atomfragmente den beobachteten Teil des Zinksulfidschirms erreichen können, die „Sekundärausbeute". Aus der auf konstante Aktivität der Strahlungsquelle umgerechneten Anzahl sichtbarer Szintillationen ist es dann leicht zu finden, wie viele Atomtrümmer von jeder Million Alphateilchen, welche die Substanz trifft, losgelöst werden. Mit Rücksicht darauf, daß der Zinksulfidschirm nicht so hergestellt werden kann, daß er auf jedes auftreffende Alphateilchen mit einer Szintillation reagiert, muß der „Schirmkoeffizient" bestimmt werden. Dies wird mittels eines schwachen Alphapräparats von genau bekannter Stärke vor dem Versuch gemacht. Das Verhältnis zwischen der Anzahl der Szintillationen, welche man dabei auf dem Schirm beobachtet und der

Fig. 38. Szintillationen ohne Hintergrundsleuchten (sehr dunkel kopiert).

Zahl der Alphateilchen, welche darauf auftreffen, ergibt den Schirmkoeffizienten. Durch diese Bruchzahl muß die oben berechnete Zahl der Ausbeute dividiert werden, um den höheren Wert zu erhalten, welchen man mit einem idealen d. h. $100^0/_0$igen Zinksulfidschirm erreichen würde. Auf Grund der Ausbeutezahlen, welche auf obenstehende Weise bei jeder der beim Versuch verwendeten Absorptionsstufen gefunden wurden, kann eine Absorptionskurve aufgezeichnet werden. Diese stellt dann die Verteilung der Atomtrümmer auf verschiedene Reichweiten dar; einige solcher Kurven sind in diesem Buch schon besprochen worden. Das Ergebnis eines Zertrümmerungsversuches hängt von den Versuchsbedingungen ab, nämlich von der Geschwindigkeit der verwendeten Alphaprojektile, sowie von der Größe des Winkels zwischen deren Einfallsrichtung und der Flugrichtung der zur Beobachtung gelangenden Atomtrümmer. Bei Versuchen mit dem hier skizzierten Apparat ist der betreffende Winkel ungefähr 150^0.

Im Radiuminstitut sind mehrere Hunderte derartiger Zertrümmerungsversuche mit Alphateilchen ausgeführt worden. Als

Schlußresultat ergab sich, daß über ein Dutzend Grundstoffe mit Sicherheit zertrümmert werden können, und außerdem wurde eine gleich große Anzahl anderer Elemente mit Resultaten untersucht, die zwar positiv waren, aber die Sprengbarkeit dieser Elemente nicht entscheidend sicherstellten.

Die Hilfsmittel bei der Szintillationszählung.

Außer den Vorarbeiten, welche zur Herstellung und Messung der Strahlungsquellen, sowie zur Vorbereitung der Versuchsapparatur mit Zubehör nötig sind, spielt die Herstellung und Eichung des Zinksulfidschirms und der Absorptionsglimmer, welche bei den Versuchen verwendet werden, eine wichtige Rolle. Das verwendete Zinksulfid muß unter Bestrahlung sowohl mit Alpha- als auch mit H-Teilchen, Szintillationen von großer und möglichst gleichförmiger Lichtstärke geben. Die Auswahl eines passenden Zinksulfidschirms unter verschiedenen Fabrikaten ist daher sehr wichtig und es mußten umfassende Versuche angestellt werden um herauszubringen, in welchem Abhängigkeitsverhältnis die Szintillationen zur Korngröße des Materials, wie zur Masse und Geschwindigkeit der ausgeschleuderten Teilchen stehen. Bei der Herstellung des Szintillationsschirmes wird eine kleine Menge von ausgewählt gutem Zinksulfid mit etwas Alkohol befeuchtet und mittels eines Glasstabes auf eine kleine Glasscheibe ausgebreitet, deren Form dem Versuchsapparat angepaßt ist. Erst durch lange Übung gelingt es, Schirme mit den gewünschten Eigenschaften herzustellen, d. h. mit einer nicht zu dicken, aber möglichst lückenlosen Kristallschicht bedeckt, so daß das Licht, welches durch den Schirm zum Mikroskop vordringen muß, nicht zu stark abgeschwächt wird. Die fertigen Schirme werden unter dem Mikroskop genau besichtigt, die Art ihrer Szintillationen wird untersucht und wenn all dies zufriedenstellend ist, wird der Schirmkoeffizient auf die oben angeführte Weise bestimmt, wobei man gewöhnlich den Wert von etwa 75% erhält, d. h. durchschnittlich drei unter vier auftreffenden Alphateilchen erregen sichtbare Szintillationen. Auf diese Weise hergestellte Zinksulfidschirme sind recht empfindlich gegen Erschütterungen, durch welche Kristalle leicht abfallen. Außerdem zeigen sie eine deutliche Abnahme ihrer Szintillationsfähigkeit wenn sie einer stärkeren Alpha-, Beta- oder Gammastrahlung während längerer Zeit ausgesetzt werden. Sie müssen deshalb ziemlich oft erneuert werden und eine Anzahl guter Schirme, deren Koeffizient man kennt, muß ständig in Bereitschaft liegen.

Auch die Herstellung und Prüfung der Absorptionsglimmer ist eine wichtige Arbeit, da diese sozusagen die Maßstäbe zur Bestimmung der Reichweite der Atomtrümmer sind. Ein Glimmerblatt von ungefähr 0,006 mm Dicke vermag Alpha- und H-Teilchen ebenso stark zu bremsen, wie eine zentimeterdicke Luftschicht. Glimmer von guter Qualität in Blätter von einigen Zentimetern „Luftäquivalent" zu spalten, ist ganz leicht, hingegen erfordert die Herstellung eines Absorptionsglimmers, der einigen Millimetern Luft entspricht, beträchtliche Übung. Durch Abwägen auf einer empfindlichen Wage kann das Luftäquivalent nur annähernd bestimmt werden. Um dasselbe genau zu erfahren, muß man es direkt bestimmen, wobei der Glimmer vor den Szintillationsschirm gebracht wird, während ein auf dessen anderer Seite angebrachtes Poloniumpräparat bis zu einem solchen Abstand vom Schirm verschoben wird, daß seine Alphaszintillationen eben verschwinden. Indem man von der Reichweite der Poloniumteilchen (3,9 cm) den gemessenen Abstand abzieht, erhält man das Luftäquivalent des Glimmerblatts.[1]) Bei gewissen Versuchen wird an Stelle des Glimmers dünne Metallfolie als Absorption verwendet, um Alpha- oder H-Teilchen zu bremsen. Diese müssen jedenfalls zuerst geprüft werden, ob sie frei von Löchern und Poren sind. Dies geschieht unter dem Mikroskop teils bei starkem Oberlicht, teils in vollkommenem Dunkel, mit dem Licht einer starken Lampe, welches von unten durch den Kondensor des Mikroskops auf das Metallblatt geworfen wird. Die Bestimmung des Absorptionsvermögens geschieht, wie beim Glimmer, mittels eines Polonium- oder Ra C-Präparats und einem Szintillationsschirm in veränderlichem Abstand von der Strahlungsquelle.

Es dürfte aus dem hier Gesagten hervorgehen, daß die vorbereitenden Arbeiten für die Atomzertrümmerungsversuche nach der Szintillationsmethode sowohl zeitraubend sind, als auch große Sorgfalt erfordern, so daß bei längeren, fortgesetzten Versuchsreihen zwei oder drei Mitarbeiter vollauf beschäftigt sind. Außerdem strengt das Zählen der lichtschwachen Lichtblitze die Augen des betreffenden Beobachters sehr an. Dazu kommt noch, daß diese Methode durch ihre Subjektivität leicht falsche Resultate ergeben kann. Es ist somit begreiflich, daß in Wien während der letzten Jahre unser Bemühen darauf gerichtet war andere, unabhängige Versuchsmethoden zu ersinnen, mit denen die Resultate der Szintillationsmethode nachgeprüft werden können und die uns außerdem ermöglichen, dieser Methode unzugängliche Arbeitsaufgaben ohne zuviel Vorarbeiten zu lösen.

Diese Bemühungen sind nicht ohne Erfolg geblieben, da man nunmehr das Problem der Atomzertrümmerung auf drei anderen Wegen angreifen kann. Diese sind erstens: Untersuchungen von Spuren der Atomtrümmer in der photographischen Platte, zweitens: eine Umgestaltung der schon früher erwähnten Nebelstrahlmethode

[1]) Um das Absorptionsvermögen von dickerem Glimmerblatt zu messen, muß man die schnelleren Alphateilchen von Ra C oder Th C verwenden.

des Engländers C. T. R. Wilson, wodurch die Bahnen der H-Teilchen in größerer Anzahl sichtbar gemacht werden, drittens: die Hörbarmachung einzelner H-Teilchen, indem die von ihnen in einer elektrischen Zählkammer hervorgerufene Ionisation mittels eines Radioverstärkers als Knalle in einem Lautsprecher beobachtbar wird. In dem Folgenden wird eine kurze Beschreibung dieser drei Methoden gegeben, welche eine Möglichkeit bieten, in die Mysterien der Atomzertrümmerung und der damit zusammenhängenden Elementverwandlung einzudringen.

Die Spuren der Atomtrümmer in der photographischen Platte.

Schon im ersten Kapitel dieses Buches wurden die Wirkungen der Alphateilchen auf photographische Platten erwähnt. Treffen diese in großer Anzahl auf eine empfindliche Platte, so erscheint bei der Entwicklung derselben an den getroffenen Stellen eine deutliche Schwärzung. Man richtet es so ein, daß ein dünnes Büschel Alphateilchen in sehr schräger Richtung auf die Platte auffällt. Nachdem diese entwickelt und fixiert ist, sieht man, wenn die betreffende Stelle mit einem stark vergrößernden Mikroskop genau untersucht wird, vereinzelte schwarze Punktreihen. Jede solche Reihe bezeichnet die Bahn eines einzigen Alphateilchens und besteht aus Bromsilberkörnchen, die von den Teilchen auf deren Weg durchflogen und dabei angegriffen worden sind, so daß sie im Entwickler zu Silber reduziert, d. h. geschwärzt wurden. Solche Spuren können bis zu fünfzehn oder mehr Punkte enthalten, falls sie von Alphateilchen aus Ra C verursacht wurden und ihre Länge, 0,04 bis 0,05 mm in der Gelatinschicht, entspricht einer Reichweite der Teilchen in Luft von 7 cm.

Es schien interessant zu untersuchen, ob auch natürliche H-Teilchen die photographische Platte auf dieselbe Weise angreifen. Mit durch Alphateilchen aus Paraffin herausgesprengten H-Teilchen gelang es Dr. Marietta Blau, im Radiuminstitut Aufnahmen zu erhalten, welche, ganz nach der Art der Bestrahlung, entweder eine allgemeine Schwärzung oder Punktreihen aufwiesen, gleich den mit Alphateilchen bestrahlten, aber von größerer Länge, der größeren Reichweite der H-Teilchen entsprechend. Dabei konnte Ra C als Quelle der Alphateilchen, mit denen Paraffin beschossen wurde, nicht benützt werden, da dessen durchdringende Srahlung auch auf die Platte einwirkt und eine Menge schwarzer Punkte erzeugt. Der Versuch gelang erst, als das Ra C durch das bloß Alphastrahlen aussendende Polonium ersetzt wurde, das eine dünne Paraffinschicht bombardierte, wobei nur H-Teilchen auftraten.

Fig. 39 ist die Mikrophotographie eines Teils einer auf diese Weise mit H-Teilchen bombardierten, photographischen Platte, auf welcher mehrere solche Punktreihen sichtbar sind. Eine besonders schöne

Punktreihe von nicht weniger als 15 reduzierten, d. h. durchflogenen Bromsilberkörnern kam auf einer anderen Platte vor. Die ganze Länge dieser Flugbahn mißt unter dem Mikroskop 0,086 mm, welche bei Berücksichtigung des Luftäquivalents der Gelatinschichte, einer Reichweite in Luft von über 11 cm entspricht. Die größte Reichweite, die ein Wasserstoffkern, durch den Stoß eines Polonium-Alphateilchens in gerade Bewegung vorwärts versetzt, erreichen kann, beträgt 16 cm, aber davon geht der erste Teil sowohl in der Paraffinschicht als auch in dem darübergelegten Deckglimmer verloren. Der Umstand, daß die reduzierten Körner offensichtlich längs der Bahn der H-Teilchen weniger dicht liegen, als bei Alphateilchen (wie Dr. Blau fand), stimmt mit dem geringeren Ionisierungsvermögen der H-Teilchen überein. Es ist nämlich sicher die Ionisierung im Bromsilberkern, welche die photographischen Wirkungen der Strahlung der Teilchen verursacht.

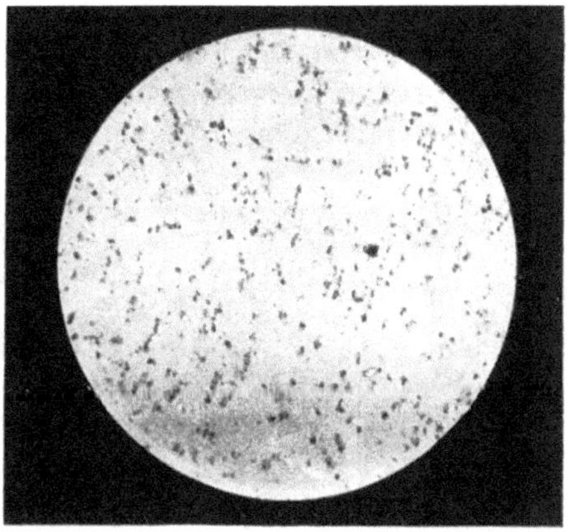

Fig. 39. Bahnspuren von natürlichen H-Strahlen in der photographischen Platte.

Es erschien sehr verlockend, zu versuchen, die Spuren der Wasserstoffteilchen zertrümmerter Elemente auf dieselbe Art photographisch festzuhalten. In diesem Falle mehren sich jedoch die Schwierigkeiten wesentlich. Da es nötig ist, jede Möglichkeit natürlicher H-Teilchen auszuschließen, so ist man gezwungen, entweder die rechtwinklige oder die retrograde Methode anzuwenden. In beiden Fällen ist man zu einer Anordnung der Strahlenquelle, des bombardierten Grundstoffes und der photographischen Platte genötigt, welche die Ausbeute von Atomtrümmern fast hoffnungslos klein macht.

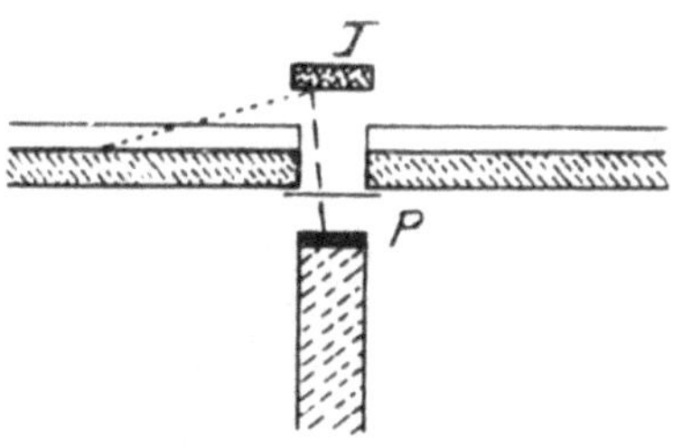

Fig. 40. Wie die rückwärts gerichteten Atomtrümmer auf einem photographischen Film aufgefangen werden.

Die Anordnung, welche schließlich zum Ziele führte, ist auf Fig. 40 zu sehen und fußt auf einem früher verwendeten Prinzip, mit Hilfe dessen untersucht wurde, ob mehr als ein H-Teilchen von ein und demselben zertrümmerten Aluminiumatom (vgl. S. 67) herausfliegt. *P* ist ein hochkonzentriertes Poloniumpräparat, welches dadurch gewonnen wird, daß man Polonium in Wasserstoffstrom auf die Schnittfläche eines knapp millimeterdicken Drahtes aus dem seltenen Metall Palladium destilliert. Diese fast punktförmige Strahlungsquelle, von welcher in jeder Sekunde etwa 20000000 Alphateilchen ausgeschleudert werden, ist unmittelbar vor einem feinen, in den Boden einer kleinen Messingschachtel gebohrten Loch angebracht. Über dem Loch ist ein dünnes Glimmerblatt geklebt, dessen Absorptionsvermögen für Alphastrahlen ungefähr 5 mm Luftäquivalent beträgt, so daß keine radioaktive Verseuchung vom Poloniumdraht durch das Loch dringen kann. Auf dem Boden der Schachtel ist ein Film, wie ihn die Zahnärzte zur Röntgenphotographie verwenden, angebracht. In dem Film selbst, der mit seiner lichtempfindlichen Schicht nach aufwärts, vom Poloniumpräparat abgewendet liegt, ist ein Loch gebohrt, etwas größer als dasjenige in der Messingplatte, über welches es sorgfältig zentriert wird, so daß ein Büschel Alphastrahlen hindurchgehen kann, ohne an den Rand des Filmloches anzustreifen. In die Bahn des Alphabüschels ist ein millimeterdickes Graphitscheibchen *T* eingeschaltet und zwar unmittelbar über dem Loch, einige Zehntelmillimeter von der Filmoberfläche entfernt. Von den aus Graphit ausgesendeten Atomtrümmern fällt ein Teil schräg auf die Fläche des Films und dringt rund um das Loch in die Emulsionsschicht ein. Ein luftdicht schließender Deckel ermöglicht in der Schachtel einen niedrigen Luftdruck zu erhalten, oder auch diese mit Helium zu füllen, welches zwischen Graphit und Film während der zwei bis acht Tage dauernden Expositionszeit eine inaktive Atmosphäre bildet. Nachdem diese beendet, der Film herausgenommen und entwickelt ist,

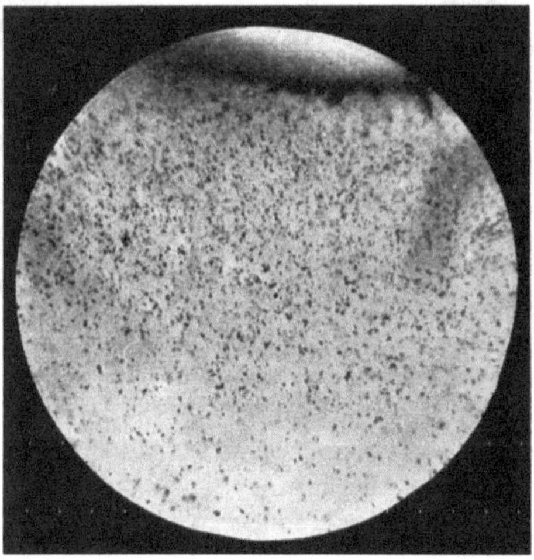

Fig. 41. Mikrophotographie eines bei Versuchen mit Graphit verwendeten Filmes; 45fache Vergrößerung.

wird er unter dem Mikroskop untersucht und gewisse Teile desselben werden mikrophotographiert.

Fig. 41 zeigt einen Teil vom Film in der nächsten Umgebung des Loches, unter 45 facher Vergrößerung aufgenommen. Ganz am Lochrand (oben) ist ein zu großes Gewirr von Punkten, als daß man dort einige Bahnen unterscheiden könnte. Etwas weiter davon entfernt, wo die Punkte weniger dicht sind, sieht man einzelne Punktreihen, radiell nach außen verlaufend, was beweist, daß sie vom Zentrum des Films kommen, d. h. von der Graphitscheibe ausgehen. Nimmt man diese weg und exponiert ebensolange ohne Scheibe, so erhält man viel weniger Punkte und keine Punktreihen.

Die Punktreihen aus Graphit müssen deshalb von Teilchen aus diesem Element verursacht sein, und, da gegen Kohlenstoffatome reflektierte Alphateilchen nach den Stoßgesetzen nicht genügende Reichweite besitzen, um Punktreihen hervorzurufen, müssen diese die Wirkung von H-Teilchen aus zertrümmerten Kohlenstoffatomen sein. Viele Gründe sprechen außerdem dafür, daß der größte Teil der zahlreichen Punkte, die das Loch umgeben, von Atomtrümmern verursacht sind, die eine zu kurze Reichweite besitzen, um deutliche Punktreihen erzeugen zu können.

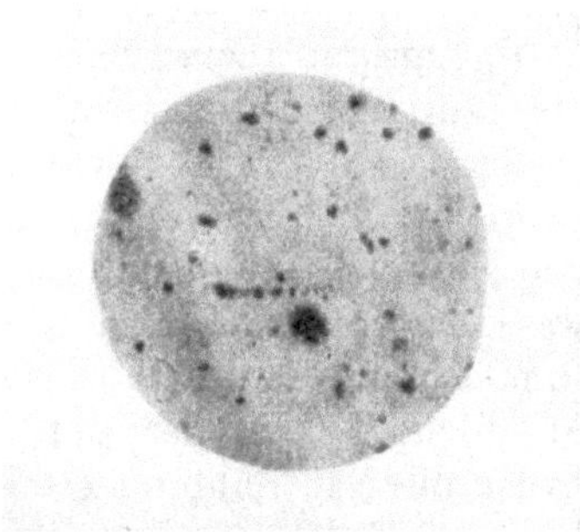

Fig. 42. Mikrophotographie desselben Filmes, Bahnspuren von H-Teilchen aus Kohlenstoff zeigend; 180fache Vergrößerung.

In Fig. 42 ist in 180facher Vergrößerung ein Detail eines solchen Films mit einer deutlichen Punktreihe (Mitte der Figur) zu sehen. Daß sie von der Graphitscheibe stammen, geht aus der mikroskopischen Untersuchung viel deutlicher hervor, als aus der Mikrophotographie, da letztere nicht die schräg nach abwärts verlaufende Richtung der Punktlinien im Film wiedergibt, welche den besten Beweis für ihren Ursprung aus der schräg darüber befindlichen Graphitscheibe liefert.

Auch mit Aluminium als bestrahlte Substanz wurden ähnliche Punktreihen erzeugt, die entsprechend der größeren Ausbeute an weitreichenden Atomtrümmern bei diesem Element zahlreicher und länger sind.

Die photographische Methode erfordert, wie schon erwähnt, die Überwindung beträchtlicher technischer Schwierigkeiten, nicht zum mindesten die absolute Vermeidung radioaktiver Verseuchung, welche bei der langen Expositionszeit unbedingt erforderlich ist. Diese Methode so umzugestalten, daß sie für quantitative Messungen anwendbar ist, dürfte auf noch größere Schwierigkeiten stoßen. Als ein qualitativer Beweis für die Sprengbarkeit gewisser Elemente waren die Resultate der photographischen Methode aber von großem Wert.

Sichtbare Atomtrümmer.

In dem Vorhergehenden wurde C. T. R. Wilsons geniale Methode zur Sichtbarmachung der Alphateilchenbahnen schon erwähnt. Da sie inzwischen auch angewendet wurde, um die Bahnen der Atomfragmente sichtbar zu machen, dürfte eine eingehendere Beschreibung derselben am Platze sein.

Der Wasserdampfgehalt der Luft oder anderer Gase kann normalerweise nicht einen gewissen, von der Temperatur abhängigen Sättigungsgrad überschreiten. Wird die Sättigung überschritten, indem die Luft abgekühlt wird, so muß der überschüssige Wasserdampf in flüssiger Form abgeschieden werden, es tritt eine Kondensation zu feinen Tröpfchen ein, die sich in der Atmosphäre als Bildung von Nebel oder Wolken äußert. Wird feuchte Luft schnell abgekühlt, was am einfachsten durch schnelle Ausdehnung zu Stande kommt, so bildet sich Nebel, wobei sich kleine Wassertröpfchen rund um jedes Staubkörnchen in der Luft absetzen. Ist die Luft ganz staubfrei, so ist die Nebelbildung erschwert, sind aber statt dessen elektrisch geladene Teilchen, „Ionen“, vorhanden, so werden diese als Kondensationszentren benützt; sie bilden die Kerne für die kleinen Nebeltröpfchen und können auf diese Weise sichtbar gemacht werden.

Eine sogenannte Wilsonkammer besteht aus einem flachen zylindrischen Gefäß mit Glasdeckel und einem beweglichen Boden, welcher schnell herabgezogen werden kann, und dadurch eine schnelle Abkühlung der Luft in der Kammer bewirkt. Nachdem diese mit Wasserdampf gesättigt ist, so sind unmittelbar nach der Expansion die Bedingungen für eine Nebelbildung gegeben. Ist die Luft staubfrei und dringen einige Alphateilchen in die Kammer ein, so werden die längs deren Bahnen massenhaft erzeugten Ionen als Kondensationskerne benützt. Die Bahn wird dadurch als feiner Nebelstrahl markiert. Bei genügender Beleuchtung von der Seite her werden diese Nebelstrahlen deutlich sichtbar und können auch photographiert werden. Schon auf einigen der ersten Wilsonphotographien kamen unter den im allgemeinen ganz geradlinigen Alphabahnen auch solche mit einem deutlichen Knick vor, der durch die Ablenkung eines Alphateilchens bei dem Flug durch ein Atom hervorgerufen worden ist. Diese geknickten Alphabahnen wurden mit Recht als der schlagendste Beweis für die kurz vorher aufgestellte Rutherfordsche Kernhypothese angesehen (vgl. S. 33, Fig. 16!).

Auch die natürlichen H-Strahlen aus mit Alphateilchen bombardiertem Wasserstoff oder Paraffin lassen sich durch die Wilsonmethode sichtbar machen. Die verhältnismäßig große Seltenheit der H-Strahlen gegenüber den Alphateilchen, die zu ihrer Erzeugung nötig sind, macht die Beobachtung derselben nach der gewöhnlichen Wilsonmethode sehr zeitraubend. Dieselbe Schwierigkeit, aber in noch höherem Grade, bietet die Sichtbarmachung der Atomfragmente. Durchgeführt wurde sie zum erstenmal von einem Rutherfordschüler, Blackett, der damit eine wirkliche Riesenarbeit bewältigte. Er ließ ein schütteres Bündel schneller Alphateilchen mit großer Reichweite (aus Thorium C) in eine Wilsonkammer besonderer Konstruktion hereinfallen, in welcher sich feuchter Stickstoff unmittelbar vorher schnell ausgedehnt hatte. Die Bahnen wurden gleichzeitig mit zwei rechtwinklig zueinander stehenden Kameras aufgenommen, so daß dieselben Bahnen von zwei verschiedenen Seiten gesehen auf den Photographien erschienen. Dank dieser Anordnung wurden Knicke und andere Unregelmäßigkeiten der Bahnen, die einer Kamera allein entgangen sein konnten, deutlich sichtbar, und außerdem konnte der Winkel, den die Bahn eines abgelenkten Teilchens beim Knickpunkt aufweist, genau gemessen werden.

Indem dieser Vorgang *zwanzigtausendmal* wiederholt wurde, erhielt Blackett Photographien von über 400000 Alphabahnen und fand unter diesen 8 Bilder, auf denen ein deutlich schmälerer Nebelstreifen von dem Knick in der Alphabahn ausging. Jeder dieser schwachen Nebelstrahlen markiert den Weg eines Wasserstoffkerns, der aus dem Kern eines Stickstoffatoms herausgesprengt worden war. Überraschend war, daß außer dieser H-Strahlenbahn, erkennbar sowohl durch ihre feine Struktur, wie auch durch ihre große Länge von über 19 cm, nur *ein* sehr kurzes Bahnstückchen vom Kollisionspunkt zu sehen ist (Fig. 43)

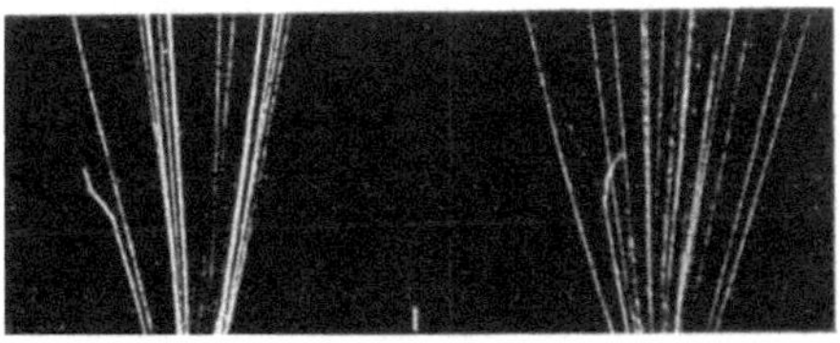

Fig. 43. Doppelphotographie von Wilsonbahnen, die Zertrümmerung eines Stickstoffatomes zeigend.

Dies muß so gedeutet werden, daß die beiden, nach der Kernkollision zurückbleibenden Teilchen, der Rest des Stickstoffkerns und das zertrümmernde Alphateilchen, zusammenhaften und einen gemeinsamen Weg zurücklegen, anstatt, wie man sonst erwartet hätte, elastisch voneinander abzuprallen. Wie schon früher gesagt wurde, war dieses wichtige Resultat der Blackettschen Untersuchungen ein direkter Beweis für die früher in Wien ausgesprochene Ansicht, daß das Alphateilchen, welches einen Kern eines leichten Grundstoffes zertrümmert, in demselben festhaftet.

Vermittelst dieser Doppelphotographie der Wilsonbahnen, aus welcher der Winkel zwischen den von einem Kerntreffer aus verlaufenden Zweigbahnen bestimmt werden kann, ist es auch möglich, das Massenverhältnis zwischen den auseinanderfliegenden Teilchen zu berechnen und hierdurch von der Dynamik des Kerntreffers und der Sprengung ein Bild zu bekommen. Ein Nachteil der Methode ist indessen die große Zahl der Photographien, welche aufgenommen

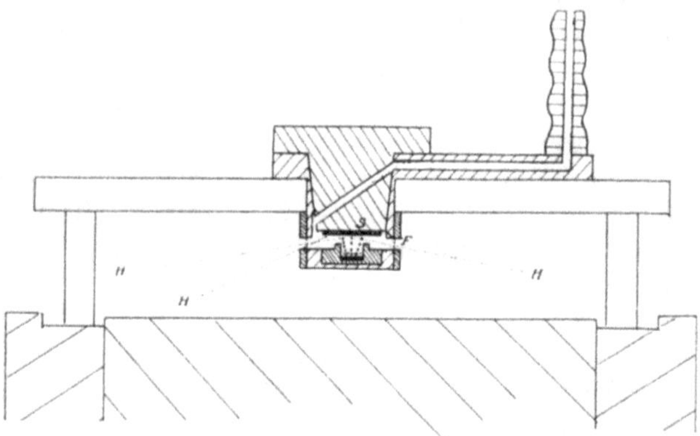

Fig. 44. Vertikalschnitt durch den Apparat für Sichtbarmachung von Atomtrümmern.

werden müssen, um eine ganz geringe Zahl von Atomfragmenten sichtbar zu machen. Dadurch wird die Arbeit zeitraubend und kostspielig.

Im Institut für Radiumforschung wurden die Versuche, die Wilsonsche Methode zur Beobachtung und Zählung von Atomfragmenten in größerer Anzahl umzugestalten, erst nach zweijähriger Arbeit von Erfolg gekrönt. Die Aufgabe war nicht, besonders scharfe Photographien der Atomfragmentbahnen bis zum Kollisionspunkt zu erhalten, die das Studium von der Dynamik des Kernstoßes ermöglichen, sondern ganz einfach, den Szintillationsschirm durch eine Wilsonkammer zu ersetzen, damit die Atomfragmente leichter beobachtet und gezählt werden könnten, als durch mühsame Zählungen lichtschwacher Szintillationen.

Das Prinzip der schließlich als anwendbar gefundenen Anordnung ist im Aufriß in Fig. 44 wiedergegeben. Die Wilsonkammer ist von jenem automatischen Typ, der vom Japaner Shimizu konstruiert wurde. Deren Boden besteht aus der oberen Fläche eines Kolbens, in einen Messingzylinder eingeschliffen und mittels eines Elektromotors hin und her beweglich, so daß jeder Schlag zuerst eine Expansion der Luft oberhalb des Kolbens hervorruft, bei welcher die Abkühlung stattfindet und Nebel erzeugt wird, dann eine Kompression mit Erwärmung der Luft, bei welcher der Nebel verschwindet. Der oberste Teil der Kammer besteht aus einem Glasring mit einem Deckel aus dickem Spiegelglas. Durch den Ring wird von der Seite her das Licht einer sehr starken Bogenlampe eingelassen, während der Beobachter von oben durch den Glasdeckel hindurch die gebildeten Nebelstrahlen zählt.

Die Schwierigkeit, eine hinreichende Ausbeute an Atomtrümmern zu bekommen, welche durch die kleinen Dimensionen der Kammer in dem verwendeten Shimizuapparat (Durchmesser 55 mm) noch vergrößert wurde, denn die gewöhnliche Wilsonkammer ist meist mehrere Male größer, wurde auf folgende Weise überwunden.

Anstatt wie gewöhnlich die Strahlung von der Seite hereinzulassen, wurde in die Mitte des Glasdeckels ein Loch gebohrt. In dieses Loch wurde ein Messinghalter jenes Typs, den Fig. 44 *M* zeigt, luftdicht eingepaßt. In dessen unterstem Teil ist ein starkes Poloniumpräparat (in der Figur geschwärzt) angebracht, von dem die Alphastrahlung nur durch eine Art Gewehrlauf (eine kurze Röhre von 4 mm Kaliber) direkt nach aufwärts auf die Substanz fällt. Diese, in der Figur (geschwärzt) bei *S* sichtbar, hat die Form einer kleinen Scheibe aus jenem Element, das untersucht werden soll, ist 8 mm im Durchmesser und einige Millimeter dick und bildet die Decke eines niedrigen Messingkörbchens, das ungefähr bis zur halben Höhe der Kammer in dieselbe herabhängt. Die Dimensionen sind so gewählt, daß kein Alphaprojektil aus der Strahlungsquelle außerhalb der Scheibe auftreffen kann. Andererseits können keine H-Teilchen von dieser in die Kammer eindringen, die mit der einfallenden Alphastrahlung einen Winkel von weniger als 90° bilden. Hingegen können H-Teilchen, welche einen größeren Winkel als 90° bilden, nach allen Seiten herauskommen. Deren Bahnen können bei jeder Expansion sichtbar werden, und zwar, wenn man sie von obenher betrachtet, als radiale Streifen, die man von der Mitte der Kammer gegen den Rand auslaufen sieht.

Da der Shimizuapparat am besten mit ungefähr 100 Expansionen in der Minute arbeitet, so ist es etwa zweimal in der Sekunde möglich, die Bahnen der austretenden Teilchen sichtbar zu machen. Da die Bahnen der Alphateilchen aus der Strahlungsquelle selbst nicht sichtbar werden, braucht deren Zahl nicht wie bei dem Blackettschen

Versuch auf einige wenige beschränkt zu werden. Das verwendete Poloniumpräparat war ein Geschenk Madame Curies, in deren Institut die Herstellung hochkonzentrierter Poloniumpräparate sehr vervollkommnet wurde. Es hatte eine solche Stärke, daß die Zahl der Alphaprojektile, welche auf die Scheibe im Verlauf jenes Bruchteils einer Expansionsperiode auffielen, während dem die Bahnen sichtbar gemacht wurden, gegen eine Million betrug, also mehrere zehntausendmal größer war als bei den Versuchen von Blackett. Diesem Umstand ist es zu verdanken, daß während eines Bruchteils einer Minute ebenso viele Atomtrümmer sichtbar gemacht werden konnten, als sonst im Verlauf einer ganzen Jahresarbeit.

Die Versuchsanordnung in der hier geschilderten Form hatte den Nachteil, daß damit nicht vollkommen sichergestellt werden konnte, ob alle die beobachteten Teilchen wirklich aus zertrümmerten Atomen in der untersuchten Substanz stammten. Wie schon erwähnt, war zwar dafür gesorgt worden, daß Teilchen aus der Substanz, die einen Winkel von weniger als 90° mit der Flugrichtung der einfallenden Alphateilchen einschlossen, nicht in die Nebelkammer treten konnten, so daß natürliche H-Teilchen aus Wasserstoffverbindungen in der Substanz ausgeschlossen waren. Hingegen verliefen die Bahnen der Alphaprojektile, nach Verlassen der Mündung des obenerwähnten Gewehrlaufes, durch eine mit Feuchtigkeit gesättigte Luftschicht von mehreren Millimetern Dicke, bevor sie noch die Oberfläche der Substanzscheibe erreichen konnten. Von dieser durchflogenen Luftstrecke könnten einzelne Fragmente aus eventuell zertrümmerten Stickstoff- oder Sauerstoffatomen in die Kammer dringen und sichtbar werden. Ebenso könnte eine kleine Anzahl natürlicher H-Teilchen von der Feuchtigkeit in der Luft durch Stoßwirkung von Alphateilchen in die Kammer hineingeschleudert werden, da innerhalb der Luftschicht der Winkel zum Teil den kritischen Wert von 90° erheblich unterschritt. Zwar zeigten sowohl Berechnungen als auch Kontrollversuche, daß diese Teilchen aus der durchstrahlten Luftschicht nur für einen Bruchteil der beobachteten Bahnen verantwortlich sein könnten, und daß diese überwiegend von zersprengten Atomen in der Substanz selbst kommen müssen. Nichtsdestoweniger erschien es aber erwünscht, die Versuchsanordnung umzuändern, so daß die Luftwirkung ganz ausgeschlossen wurde. Dies gelang auch dadurch, daß der ganze in die Shimizukammer herabhängende Teil des Messingbehälters von der umgebenden Luft hermetisch abgeschlossen und durch besondere Zuleitungsrohre mit reinem Heliumgas gefüllt wurde. Der kurze Teil der Alphateilchenbahnen unmittelbar vor der Substanzscheibe, welcher vorher in feuchter Luft lag, verlief somit in trockenem Helium, woraus weder Atomfragmente, noch natürliche

H-Teilchen kommen können. Die H-Teilchen aus der Substanz, welche also bei dieser Anordnung restlos aus zertrümmerten Atomen stammen müssen, konnten durch schmale Fenster aus sehr dünnen Glimmerblättchen, die an den Rand des flachen Korbes mit der Substanzscheibe angebracht waren, Fig. 44 bei *F*, in die Kammer heraustreten. Die Dicke des Glimmerblatts war so gewählt, daß nach dem Stoßgesetz keine an Atomkernen in der Substanz möglicherweise abgelenkten Alphateilchen, in die Kammer kommen konnten. Jede Verwechslung zwischen Atomfragmenten und reflektierten Alphateilchen war somit ausgeschlossen.

Mit dieser verbesserten Anordnung konnten H-Teilchen aus zertrümmerten Atomen von Beryllium, Kohlenstoff, Sauerstoff, Aluminium und Eisen beobachtet und auch photographiert werden.

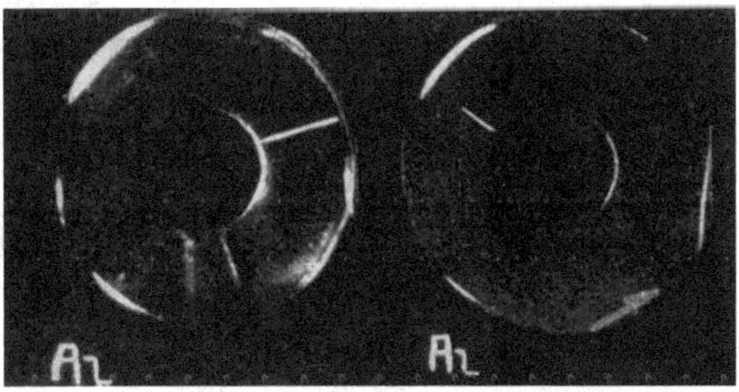

Fig. 45. Wilsonbahnen von zwei Atomtrümmern aus Aluminium mit einer Alphabahn.

Zu diesem Zweck wurde oberhalb des Apparates eine Kinokamera gestellt, deren Verschlußmechanismus an den Motor gekoppelt werden konnte, der den Kolben der Expansionskammer trieb, so daß von jeder dritten oder sechsten Expansion eine Photographie der gebildeten Nebelstrahlen automatisch aufgenommen wurde. Das hiezu verwendete Objektiv war ein besonders lichtstarkes Kinoobjektiv, das von der Firma Zeiss freundlicherweise zu diesen Versuchen zur Verfügung gestellt worden war. Fig. 45 zeigt einige auf diese Weise aufgenommene Photographien der Atomfragmente aus Aluminium. Das Bild links zeigt außer einem schwachen H-Strahl (nach unten), auch einen Alphastrahl (nach rechts) aus einer zufällig in der Kammer auftretenden radioaktiven Verseuchung, wie es in einigen Fällen bei diesen Versuchen vorkommt. Der Unterschied an Dicke zwischen dem Nebelstrahl, der die Bahn des Alphateilchens bezeichnet und dem vom H-Teilchen erzeugten, ist deutlich und entspricht dem Unterschied des Ionisierungsvermögens der beiden Partikelarten, das für Alphateilchen ungefähr viermal stärker ist als für H-Teilchen.

Eine Zählung der Atomtrümmer ist nach dieser Methode äußerst einfach auszuführen. Man braucht nur den Apparat fertig zu machen und mit einer Stoppuhr zu beobachten, wie viele Nebelstrahlen in einer oder mehreren Minuten sichtbar werden. Da die Anstrengung für die Augen nicht groß ist, so kann ein und derselbe Beobachter ohne Schwierigkeit fünf Minuten lang zählen oder auch länger und dies beinahe beliebig oft wiederholen. Es ist klar, daß, abgesehen von der unverhältnismäßig besseren Sichtbarkeit der Nebelstrahlen gegenüber den schwachen Szintillationen, dieser Vorteil es ermöglicht, bei

Fig. 46. Zählung der sichtbar gemachten Atomtrümmerbahnen.

langdauernden Zählungen einen zuverlässigeren Mittelwert zu erhalten, als die an Zeit notwendigerweise sehr beschränkten Versuchsreihen vor dem Szintillationsmikroskop. Diese Beobachtungsmethode eignet sich auch zur Bestimmung von Absorptionskurven. Man braucht nur die Glimmerfenster, durch welche die Atomtrümmer in die Kammer dringen, mit Blättchen dünner Metallfolie von wohlbekanntem Absorptionsvermögen zu überdecken und die Zählung mit diesem größeren Hindernis in der Bahn der Teilchen zu wiederholen, um so ein Bild ihrer Reichweite zu bekommen.

Eine allerdings nur beiläufige Berechnung der Ausbeute läßt sich auch durchführen. Sie wird zwar dadurch kompliziert, daß man nicht nur die geometrisch gegebene Ausbeute, sondern auch den Bruchteil der Zeitdauer einer Expansion, in dem die Nebelstrahlen sichtbar gemacht werden, bestimmen muß. Zu diesem Zweck wird die Strahlungsquelle entfernt, ebenso wie die Substanzscheibe, und letztere gegen ein schwaches alphastrahlendes Präparat von ganz genau bekannter Stärke ausgetauscht. Die Zahl der Alphabahnen, die dann in der Kammer per Zeiteinheit sichtbar sind, verglichen mit jener Anzahl, die das Präparat seiner Stärke gemäß in derselben Zeit aussenden muß, ergibt den Wirkungsgrad der Anordnung, der recht erheblich, gewöhnlich zwischen $^1/_{15}$ und $^1/_{25}$, schwankt.

Die hier geschilderte Methode wird ausgedehntere Untersuchungen über Atomzertrümmerung, besonders über die Reichweite der H-Teilchen aus verschiedenen Grundstoffen ermöglichen, ohne die zeitraubende und anstrengende Arbeit der Szintillationszählung zu erfordern. Zur Demonstrierung von Atomtrümmern bei öffentlichen Vorlesungen kam die Methode schon wiederholt zur Anwendung.

Hörbare Atomtrümmer.

Die starke Ionisation, welche die H-Teilchen wie die Alphateilchen längs ihrer Bahn in Gasen hervorrufen, hat die Verwendung von elektrischen Meßmethoden ermöglicht. Man ist jetzt im Stande, diese Ionisation zu verstärken, so daß das Eintreten eines einzelnen Alphateilchens in eine sog. elektrische Zählkammer als ein deutlicher Stromstoß, als Ausschlag an einem empfindlichen Elektrometer oder sogar als hörbares Knacken in einem Telephon merkbar wird. Dieser Apparat, welcher zuerst von Rutherfords Mitarbeiter H. Geiger ersonnen wurde und seither beim Zählen von schnellen Teilchen und von Röntgenimpulsen vielfach verwendet wurde, ist in Fig. 47 wiedergegeben. Eine Metallspitze, z. B. eine Nähnadel oder eine Grammophonnadel, ist in einen Stöpsel aus einem isolierenden Material eingepaßt und von einer kleinen zylindrischen Metallkammer umgeben. Durch ein kleines Loch im Boden der Kammer, gerade vor der Spitze, fallen die Alphateilchen, die gezählt werden sollen, herein. Wenn nun die Spitze mit einer elektrischen Spannungsquelle von etwa 1500 Volt oder mehr verbunden wird, so werden die Ionen beiderlei Vorzeichens, welche die Teilchen längs ihrer Bahn erzeugen, von der elektrischen Kraft in Bewegung versetzt, die einen gegen die Spitze hin, die anderen gegen die Wand der Kammer, von welcher aus der elektrische Strom über ein Meßinstrument oder ein Telephon zur Erde geleitet wird.

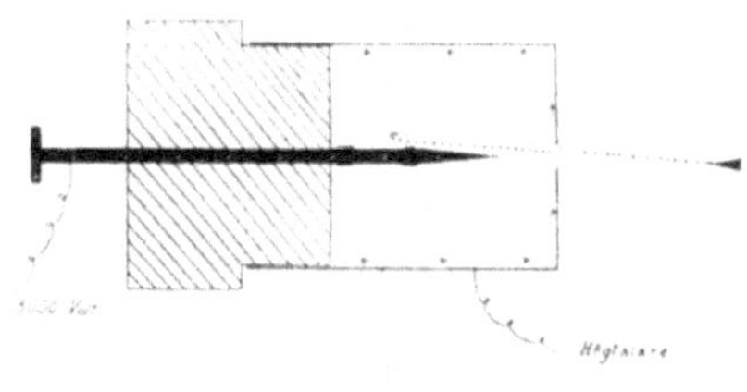

Fig. 47. Der elektrische Spitzenzähler von H. Geiger.

Unter dem Einfluß von diesem starken elektrischen Feld erhalten die Ionen auf ihrem Wege so große Geschwindigkeit, daß sie neutrale Luftmoleküle, mit welchen sie zusammenstoßen, ionisieren. Die primär gebildeten Ionen werden durch solche „Stoßionisation" vertausendfacht, so daß ein deutlich merkbarer elektrischer Strom von der Spitze auf die Wand der Kammer übergeht, der jedoch aufhört, bevor das Eintreten eines zweiten Alphateilchens eine neue Stoßionisation verursacht. Auf diese Weise kann man mit recht einfachen Mitteln Alphateilchen mit Hilfe des Ohres als Knacke in einem Telephon zählen.

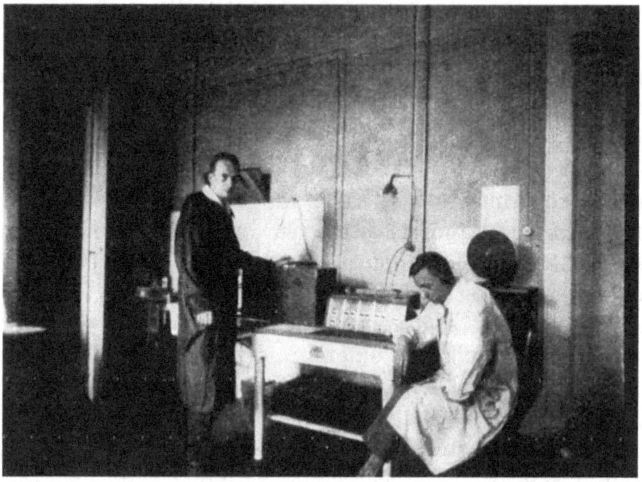

Fig. 48. Zählung der explodierenden Atomkerne nach der elektrisch-akustischen Methode.

Der Apparat hat aber einen wesentlichen Nachteil. Die Stoßionisation tritt ein, sowie Ionen erzeugt werden und ein hörbarer Stromstoß geht durch die Kammer, sei es nun, daß ein Alpha-, ein H- oder ein Betateilchen in dieselbe eindringt. Ja sogar ein Röntgenstrahl oder ein Lichtstrahl kann eine ähnliche Wirkung auslösen, die sich von der eines Alphateilchens nicht wesentlich unterscheidet. Da es nun gerade bei einem Atomzertrümmerungsversuch schwer ist, anderen Strahlungsarten vollständig zu entgehen, besonders wenn Ra C oder Th C als Strahlungsquelle für die Alphateilchen angewendet wird, so ist es meist unmöglich zu entscheiden, ob das, was beobachtet wird, Atomtrümmer sind oder etwas anderes.[1])

[1]) In letzter Zeit sind von W. Bothe und H. Fränz Versuche ausgeführt worden, um die mit Po-Alphateilchen erregten Atomtrümmer aus einigen Leicht-

Diesem Nachteil konnte jedoch abgeholfen werden. Die Stoßionisation wird vermieden, indem man nicht so hohe Spannungen verwendet, als dazu notwendig sind, und statt dessen verstärkt man den schwachen Stromstoß, welcher der von den Teilchen direkt erzeugten Primärionisation entspricht auf andere Art, so daß er direkt wahrnehmbar wird. Dies wurde zuerst von Greinacher erreicht, der einige von den in der Radiotechnik verwendete Verstärkerröhren benutzte, so daß er ohne Stoßionisation individuelle Alphateilchen als Knacke in einem Telephon oder Lautsprecher beobachten konnte. Anfangs gelang es ihm nicht, auch die H-Teilchen hörbar zu machen.

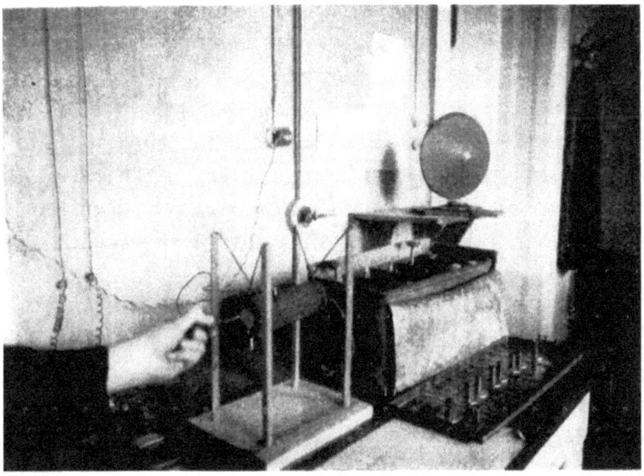

Fig. 49. Die zahlreichen Alphateilchen aus einem RaC-Präparat werden mit der elektrischen Zählkammer als Maschinengewehrfeuer hörbar.

Dieses Problem wurde zuerst von zwei Wienern, Stetter und Ortner, gelöst, welche mit besonders konstruierten Niederfrequenzverstärkern sowohl Alphateilchen wie auch natürliche H-Teilchen aus Paraffin, die in eine speziell zu diesem Zweck gebaute Zählkammer einfielen, als deutliche Knacke hörbar machen konnten. Da der Strom auf diese Weise derart verstärkt werden kann (bis ungefähr ein milliardenmal stärker als der Stromstoß, den das Alphateilchen selbst gibt), daß das Verhältnis zwischen der Primärionisation der eindringenden Teilchen beider Arten beibehalten wird, so sind die von den Alphateil-

elementen mit einem Spitzenzähler nachzuweisen. Aus ihren Resultaten, die nach der retrograden Methode durchwegs negativ waren, werden obere Grenzwerte für die Ausbeutezahlen an Atomtrümmern errechnet, die bedeutend niedriger sind als die in Wien gefundenen. Bezüglich Einzelheiten über diese Versuche sowie der Wiener Entgegnung muß auf die Fachliteratur verwiesen werden.

chen erzeugten Knacke bedeutend lauter als die der H-Teilchen. Es ist somit möglich, in einem Lautsprecher beide Arten von Teilchen als deutlich verschiedene Knacke zu demonstrieren. Aus demselben Grund wird die viel schwächere Ionisation, welche Betastrahlen oder Röntgenstrahlen hervorbringen zwar verstärkt, aber nicht so weit, daß einzelne Teilchen oder Impulse gehört werden. Das kann einfach demonstriert werden, indem man der Mündung der Zählkammer ein Ra C-Präparat nähert, dessen Alphateilchen wie deutliche Knacke hörbar werden, zu einem Maschinengewehrgeknatter übergehend, wenn das Präparat nahe an die Mündung der Kammer gebracht wird, so daß immer mehr Teilchen darin eindringen. Gleichzeitig wird die Betastrahlung aus dem Präparat nur wie ein schwaches Rauschen hörbar, das die Beobachtung der Alphateilchen nicht stört.

Diese neue Beobachtungsmethode ist auch bei Atomtrümmern verwendet worden, welche damit hörbar gemacht worden sind. Neben der Wilsonmethode scheint diese elektrische Methode zu einem bequemen und sicheren Beobachtungsmittel entwickelt werden zu können. Bei einer Reihe von Radiovorträgen über Atomzertrümmerung, welche im letzten Frühjahr von Dr. Kirsch im Radio Wien gehalten wurde, kam eine Demonstration sowohl von Alpha- als H-Teilchen nach dieser elektrisch-akustischen Methode vor, so daß die Detonationen der explodierenden Atomkerne, über die Stadt Wien mit Umgebung auf den Ätherwellen des Radio getragen, hörbar wurden. Damit konnte zum erstenmal der Kampf im Mikrokosmos von einem größeren Publikum gehört werden.

Wie die Atomtrümmer im Flug gewogen werden.

Wie schon in dem Vorhergehenden hervorgehoben wurde, ist das Erkennen der Atomfragmente (H-Teilchen) aus der Lichtstärke ihrer Szintillationen oder aus der Art der Nebelstreifen, welche sie in der Wilsonkammer geben, sowie aus der Lautstärke der Knacke, welche sie bei der elektrisch-akustischen Methode in einem Lautsprecher hervorrufen, kein absolut zuverlässiges Verfahren. Abgesehen von den Störungen, welche von durchdringender Gamma- oder Betastrahlung verursacht werden können, bedeutet die Gefahr einer Verwechslung von Alpha- oder H-Teilchen, wenn erstere sich dem Ende ihrer Flugbahn nähern, eine Fehlerquelle. Es ist deshalb rätlich, die Versuchsbedingungen womöglich so zu wählen, daß beide Gattungen von Teilchen nicht gleichzeitig zur Beobachtung gelangen.

Für die Identifizierung von Atomfragmenten, sowie überhaupt einer Korpuskularstrahlung, gibt es nur *eine* vollkommen einwandfreie Methode, nämlich die Masse oder eher das Verhältnis zwischen elektrischer Ladung e und Masse m, d. h. den Koeffizienten e/m, wie er fachgemäßig bezeichnet wird, für die betreffenden Teilchen zu bestimmen. Man erreicht dies, indem man die Richtungsveränderung (Ablenkung) der Teilchen mißt, welche durch elektrische und magnetische Kräfte hervorgerufen wird. Die elektrische Ladung des Teilchens bestimmt die Stärke der ablenkenden Kraft, die von einem Magnetfeld oder elektrischen Feld, welches das Teilchen durchfliegt, auf dasselbe ausgeübt wird. Dessen träge Masse, welche die unveränderte Flugrichtung beibehalten will, widersetzt sich der Ablenkung. Diese wird deshalb e direkt proportional und m umgekehrt proportional, so daß e/m aus der Größe der Ablenkung berechnet werden kann. Indessen wird diese auch von der Geschwindigkeit v des Teilchens beeinflußt, indem die „Steifheit" des Teilchens, d. h. seine Abneigung, den ablenkenden Kräften zu gehorchen, mit der Geschwindigkeit zunimmt. Da die Geschwindigkeit in verschiedenem Grade die elektrische und die magnetische Ablenkung beeinflußt (erstere ist v^2, letztere nur v umgekehrt proportional), so kann durch eine Messung der elektrischen und der magnetischen Ablenkung für ein- und dieselbe Teilchengattung, sowohl deren Geschwindigkeit wie deren e/m bestimmt werden.

Eine äußerst elegante Methode für diese Messung ist von dem obenerwähnten Physiker Aston entwickelt worden. Er schickt ein schmales Bündel positiv geladener Teilchen von einem Entladungsrohr (durch einen feinen Spalt abgesondert) zuerst durch ein elektrisches Feld, welches eine Ablenkung nach einer Richtung verursacht und sodann durch ein magnetisches Feld, so gerichtet, daß die Ablenkung nach der entgegengesetzten Richtung erfolgt. Durch eine richtige Wahl des Verhältnisses zwischen den elektrischen und magnetischen Kräften konnte Aston erreichen, daß Teilchen von verschiedener Geschwindigkeit, aber mit demselben Wert von e/m zu einem einzigen Bild der Spaltöffnung zusammengebogen wurden. Man erhält so mit einer aus mehreren Teilchengattungen bestehenden Strahlung eine Reihe von Spaltbildern, deren Nettoablenkung, d. h. der Unterschied zwischen der elektrischen und der entgegengesetzt gerichteten magnetischen Ablenkung mit dem Wert von e/m proportional zunimmt.

Diese Methode hat Aston für großzügige Messungen von e/m an Ionen aus verschiedenen Grundstoffen verwendet. Da die Ladung e, in Einheiten der Wasserstoffionenladung ausgedrückt, immer ganzzahlige Werte besitzt, gewöhnlich 1, 2, 3 usw., so kann man aus Messungen der Ablenkung in dem „Massenspektrum", das verschiedene Atomarten geben, ihre Masse einfach bestimmen. Dieser Vorgang ist eigentlich eine Art *Wägung der Atome im Flug.* Nach dieser Methode konnte Aston zeigen, daß die Mehrzahl der Grundstoffe nicht aus einer einheitlichen Atomart bestehen, sondern aus zwei oder mehreren „Isotopen", deren Atomgewichte sich um eine oder mehrere Einheiten[1]) voneinander unterscheiden. Astons Methode bewirkt keineswegs eine Atomzertrümmerung, wie man zuweilen behauptet. Es wird dabei in den Eigenschaften der Atome keine Veränderung erzielt, sondern es findet nur eine Trennung der schon vorhandenen, ihrer Masse nach verschiedenen, aber auf chemischem Wege nicht unterscheidbaren Atomarten, statt.

Es war von Anfang an klar, daß die Entwicklung einer Methode, derjenigen Astons ähnlich, aber auf Atomtrümmer angewendet, sehr wünschenswert war. Nur auf diese Weise konnte man über die Identität der Atomtrümmer mit H-Teilchen volle Gewißheit erlangen. Andererseits lagen die Schwierigkeiten auf der Hand. Die Teilchen, welche Aston in seinem Massenspektrographen analysiert, werden in einem Entladungsrohr erzeugt, und deren Zahl kann fast beliebig vergrößert werden. Die Atomtrümmer dagegen sind äußerst selten und erfordern zu ihrer Entstehung eine Beschießung mit zehntausendmal zahlreicheren Alphateilchen. Aus praktischen Gründen kann die Stärke dieses Alphabombardements nicht über eine gewisse Grenze getrieben werden. Dazu kommt noch, daß die Atomtrümmer eine Geschwindigkeit besitzen, die einige zehn- bis hundertmal größer ist, als die Geschwindigkeit der Atomionen, welche von dem Massenspektrographen analysiert werden. Die dementsprechend viel größere „Steifheit" der Atomtrümmer erfordert ungleich stärkere ablenkende elektrische und magnetische Kräfte, als sie bei Astons Apparat erforderlich sind.

Während bei diesem ein elektrisches Feld von einigen Tausenden Volt genügt um die Atomionen abzulenken, müssen die Atomfragmente durch ein Feld von 100000—150000 Volt pro Zentimeter hindurchgehen, damit ihre Ablenkung groß genug wird. Die Aufrechterhaltung einer solchen Feldstärke, ohne daß Entladungen eintreten und Funken überschlagen, erfordert eine außerordentlich weitgehende Luftverdünnung (bis zu ungefähr einem Milliardstel des atmosphärischen Drucks). Dieses Vakuum muß in unmittelbarer Nähe und rund um das starke Präparat, dessen intensive Strahlung die Gasabgabe aus den getroffenen Substanzen fördert, aufrechterhalten werden.

Diese technischen Schwierigkeiten schreckten aber G. Stetter in Wien nicht davon ab, die Konstruktion eines Massenspektroskops für Atomtrümmer zu versuchen und es gelang ihm auch nach einer mehr als zweijährigen Arbeit einen Apparat zu entwickeln,

[1]) Vgl. S. 15 und S. 26.

welcher zur Identifizierung solcher Teilchen schon wertvolle Dienste geleistet hat.

Das Prinzip ist beinahe dasselbe, welches Aston verwendete, aber, der Seltenheit und besonderen Starrheit der zu untersuchenden Teilchen entsprechend, verändert. Fig. 50 zeigt schematisch einen Querschnitt von Stetters Apparat mit der gezeichneten Bahn eines hindurchfliegenden Atomfragments und eines reflektierten Alphateilchens. Die Strahlungsquelle *R* ist eine dünnwandige Glaskapillare, gefüllt mit hochkonzentrierter Radiumemanation. Von dieser fliegen die Alphateilchen auf eine schräggestellte Scheibe *S* herab, welche aus der zu untersuchenden Substanz besteht. Die daraus ausgesprengten Atomtrümmer müssen durch ein System von feinen Spalten hindurchgehen, bestehend aus einer Anzahl dünner Glimmerblätter,

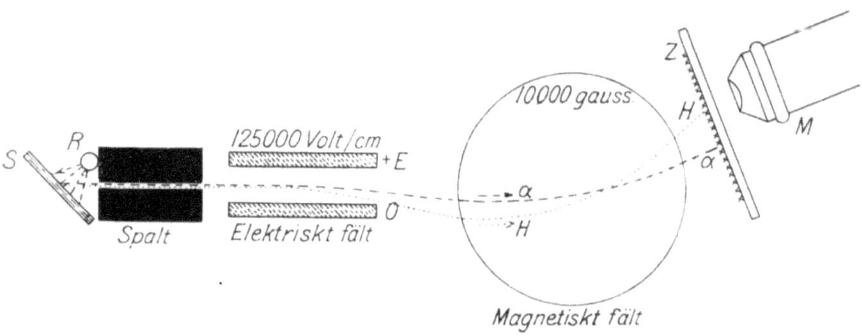

Fig. 50. **Flugbahn eines H- und eines Alphateilchens im Massenspektroskop.**

parallel zueinander in einem Abstand von einigen zehntel Millimetern liegend, so daß ganz schmale Büschel von Teilchen mit derselben Flugrichtung heraustreten. Diese müssen zuerst zwischen zwei voneinander isolierten Platten, die einen gegenseitigen Abstand von 2 mm haben und zwischen denen eine elektrische Spannung von 20000 Volt herrscht, hindurchgehen. Die Bündel von Teilchen werden dabei in der Richtung der elektrischen Kraft, entsprechend ihrem e/m, abgelenkt und kommen dann in ein starkes Magnetfeld, in dem sie eine entgegengesetzt gerichtete Ablenkung erfahren. Man kann mittels einer einfachen geometrischen Konstruktion zeigen, daß auf einer auffangenden Fläche, die sich in einem Abstand vor dem Magnetfeld befindet, die Teilchen mit demselben e/m, aber verschiedener Geschwindigkeit sich zu einem Bild des Spaltes vereinigen, welches, mit der unabgelenkten Anfangsrichtung der Strahlenbüschel verglichen, mehr oder weniger zur Seite verschoben liegt. In diese Fläche ist ein länglicher Szintillationsschirm *Z* eingekittet, auf dem die von den Teilchen erzeugten Lichtblitze mit einem Mikroskop gezählt werden. Um bei verschieden großer Ablenkung zählen zu können, ist das Mikroskop längs des Zinksulfidschirms mittels einer Schraubenanordnung verschiebbar, und dessen Abstand von der Nullage (bei welcher ein ungeladenes und infolgedessen unabgelenktes Teilchen auf den Schirm einfallen würde) kann auf einer kleinen Skala in zehntel Millimetern abgelesen werden.

Eine Zählung geht mit diesem Apparat im großen und ganzen wie bei einem gewöhnlichen Atomzertrümmerungsversuch vor sich. Nachdem die kleine Kapillare auf die früher beschriebene Weise mit Emanation gefüllt wurde, kommt sie ebenso wie die zu bestrahlende Substanzscheibe auf ihren Platz. Dann wird der Apparat sorgfältig gedichtet und die Luftpumpen, welche das Hochvakuum erzeugen sollen, werden in Betrieb gesetzt. Nach einer halben Stunde ist der Druck so niedrig, daß man es wagen kann, die starke elektrische Spannung anzulegen, wobei man gut aufpassen muß, daß kein Funkenüberschlag stattfindet. Wenn alles gut geht, können die Zähler hereingeführt werden, und einer nach dem andern nimmt vor dem Mikroskop Platz, welches bei jeder Zählung vom Versuchsleiter in eine neue Lage eingestellt wird, damit verschieden stark abgelenkte Teilchen gezählt werden können. Die gefundenen Mittelwerte für die Teilchenzahl bei verschiedener Ablenkung, welche aus dem Protokoll hervorgehen, werden mittels einer Kurve dargestellt, wie sie in Fig. 51 zu sehen ist. Darauf bedeutet die Höhe über der Nullachse die Zahl der Teilchen, welche pro Minute bei verschiedenen Ablenkungen beobachtet werden, die derselben Achse entlang aufgetragen werden. Die Kurve zeigt deutliche Maxima bei gewissen Ablenkungen, aus deren Beträgen die entsprechenden Werte von e/m unter Berücksichtigung der Apparatkonstanten berechnet werden können. Bei den ersten Versuchen mit diesem Apparat wurde dieser mit einer emanationsgefüllten Kapillare geprüft, welche auf der Innenseite dünnes Paraffin enthielt und in der Mitte über dem Spaltsystem angebracht war, so daß zahlreiche natürliche H-Teilchen durch sie hindurchgehen konnten. Die Zählung ergab ein sehr scharf ausgeprägtes Maximum bei der Ablenkung 9,2 mm vom Nullpunkt. Andererseits zeigte eine Berechnung, daß Teilchen von der Ladung und Masse der Wasserstoffionen mit 9,1 mm hätten abgelenkt werden müssen, was eine aus-

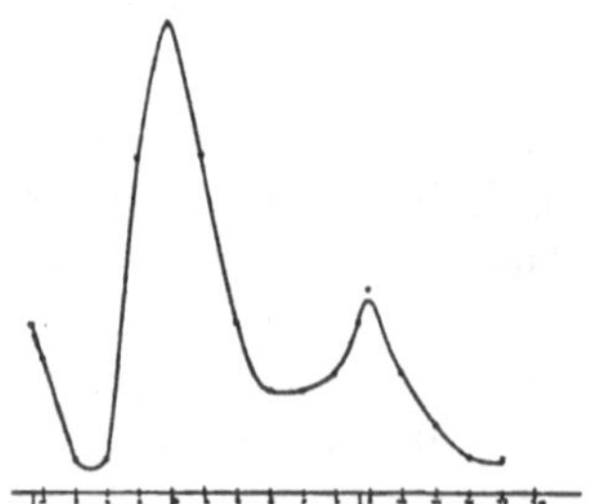

Fig. 51. Massenspektrum der Atomtrümmer aus Aluminium.

gezeichnete Übereinstimmung bedeutet. Fig. 51 zeigt eine *e/m*-Kurve für die Atomtrümmer aus Aluminium, rechts mit einem deutlichen Maximum bei ganz derselben Ablenkung, aus welcher hervorgeht, daß die Bruchstücke des Aluminiumkerns wirklich Wasserstoffkerne sind. Das daneben sichtbare noch größere Maximum stammt von den von der Aluminiumscheibe reflektierten Alphateilchen, welche entsprechend deren Wert von *e/m* auf eine andere Stelle fallen als die H-Teilchen, wodurch jede Verwechslung ausgeschlossen ist. Auch mit den Elementen Bor und Kohlenstoff sind ähnliche Kurven gefunden worden, welche bestätigen, daß auch aus ihren Atomkernen H-Teilchen losgesprengt werden. Für schwedisches Eisen, welches in demselben

Fig. 52. G. Stetters Massenspektroskop für die Wägung von Atomtrümmern im Flug.

Apparat geprüft wurde, erhielt man ebensolche Kurven, welche, obwohl sie nicht so schön wie für die anderen drei Elemente sind, doch die Zertrümmerung des Eisenatoms bestätigen.

Untersuchungen mit Stetters Apparat, der auf Fig. 52 zu sehen ist, sind für die Zähler viel anstrengender als gewöhnliche Szintillationszählungen, da man sie nicht vollständig vor der intensiven Gammastrahlung, die von dem starken Präparat ausgeht, schützen kann. Die Empfindlichkeit der Augen wird dadurch ungünstig beeinflußt, so daß schon nach einer halbstündigen Zählzeit die Resultate eine auffallende Verschlechterung aufweisen. Ein Umbau des Apparats für die Beobachtungen der abgelenkten Teilchen nach der elektrisch-akustischen Methode steht bevor, wodurch eine wesentliche Vereinfachung bei seinem Gebrauch erwartet werden kann.

Die Zertrümmerung des Kohlenstoffs.

Die Frage der Sprengbarkeit des Kohlenstoffatoms ist sehr eingehend untersucht und viel umstritten worden. Während die ersten Versuche in Wien, sobald die rechtwinklige Methode angewendet wurde, positive Resultate ergaben, und eine beträchtliche Anzahl unzweideutiger Atomtrümmer mit allerdings überwiegend kurzer Reichweite aufwiesen, hatten die Cambridger Versuche durchgehends negativen Erfolg. Nach der Meinung der Wiener Forscher konnte die Ursache darin liegen, daß man in Cambridge Kohlenstoff überhaupt nur auf Teilchen prüfte, welche einen Absorptionsglimmer von 3 bis 4 cm Luftäquivalent durchflogen hatten, wodurch teils zahlreiche Atomtrümmer von noch kürzerer Reichweite der Beobachtung entzogen wurden, teils die Reichweite der anderen so herabgesetzt wurde (überwiegend 1—2 cm), daß deren Szintillationen zu schwach waren, um mit der dazu verwendeten Optik gesehen werden zu können. Was die Optik betrifft, so zeigten die Veröffentlichungen, daß diese nicht so lichtstark sein konnte als jene, welche zu diesem Zweck in Wien verwendet wurde. Dazu kommt noch, daß die Cambridger Versuche in der Regel mit sehr starken Ra C-Präparaten als Strahlungsquellen ausgeführt wurden, wodurch das vom gammastrahlenden Präparat verursachte Hintergrundsleuchten des Schirms auf die Sichtbarkeit der schwachen Szintillationen unvorteilhaft eingewirkt haben muß.

Da somit die Szintillationsmethode, die Sprengbarkeit des Kohlenstoffs betreffend, einander widersprechende Resultate ergab, war es desto wichtiger, mit den inzwischen ersonnenen anderen Methoden dieselbe Frage aufs neue zu untersuchen. Dies wurde auch getan, und, wie schon erwähnt, haben Versuche nach der photographischen Methode ebenso wie solche nach der Wilsonmethode die Zertrümmerbarkeit des Kohlenstoffatoms bestätigt. Einige weitere Beiträge zu dieser Frage verdienen hier noch besprochen zu werden.

Die Form, in welcher Kohlenstoff zuerst untersucht wurde, war als reiner Graphit, oder auch chemisch gebunden in Paraffin. Versuche nach der rechtwinkligen Methode konnten ohne jegliche Störung seitens des großen Wasserstoffgehaltes im Paraffin ausgeführt werden, und das Ergebnis, die Zahl und Reichweite der Teilchen betreffend, gab innerhalb der Fehlergrenzen keinen Unterschied zwischen den beiden Substanzen. Später wurde reiner Kohlenstoff meistenteils in Form von sog. Achesongraphit mit einem Kohlenstoffgehalt von mehr als 99% untersucht, teils auch als Diamant, welcher bekannterweise dieses Element in kristallisierter, absolut reiner Form darstellt. Bei der Untersuchung des Kohlenstoffs als Diamant mittels der Szintillationsmethode, stößt man auf eine früher nicht erwähnte Schwierigkeit, denn diese Substanz sendet unter Einwirkung der Alphastrahlung ein sichtbares Licht aus, welches, auf den Szintillationsschirm fallend, die Beobachtung der schwächeren Szintillationen sehr erschwert. Es zeigt sich, daß ein solches Licht, Luminiszenz genannt, mehr oder weniger kräftig von allen Stoffen ausgeht, wenn sie mit Alphateilchen stark bestrahlt werden. Bei gewissen Stoffen, besonders bei Diamant, ist aber das Leuchten sehr kräftig. Der Diamant strahlt in einem intensiven, meist blaugrünen Licht, wenn auf seine Oberfläche eine intensive Alphastrahlung fällt. Durch diese Eigenschaft kann man echte Diamanten von Nachahmungen aus anderem Material leicht unterscheiden. Indessen ist die Luminiszenz bei den verschiedenen Diamanten auch verschieden stark.

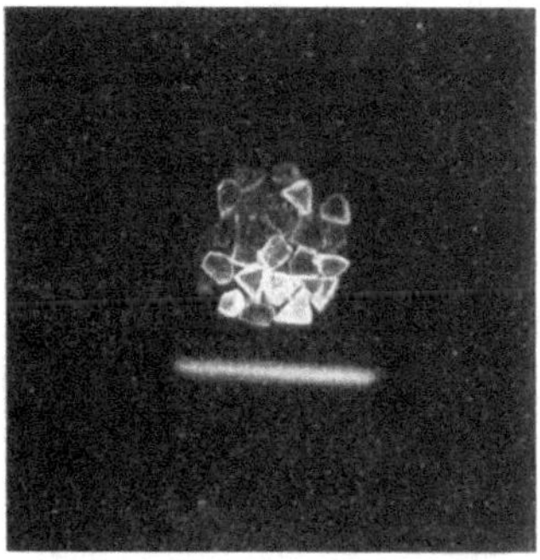

Fig. 53. Diamantenmosaik für Zertrümmerungsversuche zum Selbstleuchten erregt durch Alphastrahlen aus einer Emanationskapillare.

Fig. 53 zeigt in etwa halber natürlicher Größe ein solches Mosaik aus weißen Diamantsplittern, ausgewählt wegen ihrer flachen Form, welche bei Atomzertrümmerungsversuchen nach verschiedenen Methoden als Zielscheibe dienten.

Hier sind die Diamanten in ihrem eigenen Licht aufgenommen worden, welches dadurch erzeugt wurde, daß eine dünnwandige Emanationskapillare etwas oberhalb der Mosaikoberfläche in geringem Abstand von derselben angebracht wurde. Man sieht, wie einige von den Diamanten kräftiger leuchten als die andern, obwohl sie von der Kapillare weiter entfernt sind und demnach weniger kräftig bestrahlt werden.

Mit der auf Fig. 53 abgebildeten Diamantmosaik wurden entscheidende Versuche über die Zertrümmerung des Kohlenstoffatoms sowohl nach der Szintillationsmethode mit den auf Fig. 36 und 37 abgebildeten Apparaten, als auch nach der Shimizumethode vorgenommen, Fig. 54. Die Spuren der aus Kohlenstoff ausgesprengten H-Teilchen auf der photographischen Platte konnte man mit einer Diamantscheibe nicht erhalten, da das starke Luminiszenzlicht die mehrfachen Aluminiumblätter, welche über dem Film als Lichtschutz angebracht sind, teilweise durchdringen. Statt dessen mußte man Graphit verwenden, mit welchem die auf Fig. 42 sichtbaren Punktreihen der Mikrophotographie erhalten wurden. Der beste Beweis dafür, daß die aus Kohlenstoff unter starker Alphabestrahlung beobachteten Szintillationen, die photographischen Spuren und die Wilsonbahnen wirklich von H-Teilchen sind, und daß keine Verwechslung mit Alphateilchen oder einer anderen Korpuskularstrahlung vorliegt, wurde durch die Stetterschen Versuche mit dem Massenspektroskop gegeben. Wie schon erwähnt, gaben sie für Kohlenstoff ein deutliches Maximum in der Verteilungskurve der Szintillationen, welche mit dem für echte H-Teilchen zusammenfiel.

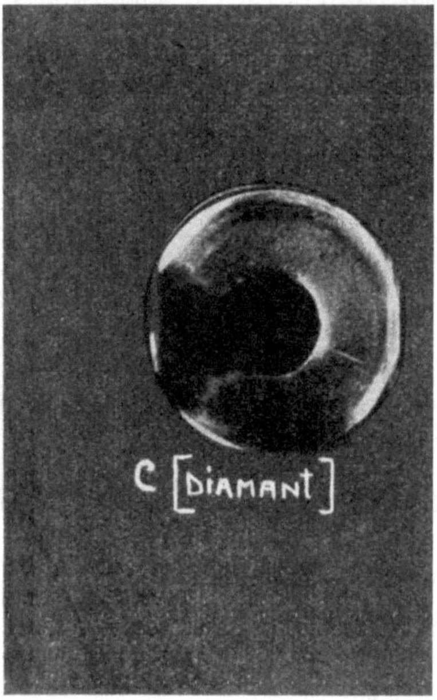

Fig. 54. Photographie der Bahnspur eines H-Teilchens aus Diamant.

Irgendein Anzeichen für Atomtrümmer anderer Massen konnte ebensowenig bei Kohlenstoff als bei den übrigen im Massenspektroskop untersuchten Grundstoffen gefunden werden.

Man kann auf Grund des vorliegenden Versuchsmaterials zusammenfassend sagen, daß die Sprengbarkeit des Kohlenstoffs mit jener Sicherheit, die durch die vorhandenen Versuchsmethoden überhaupt erreichbar ist, festgestellt wurde, und auch, daß die ausgesprengten Atomfragmente aus diesem Element ebenso wie aus den anderen untersuchten Grundstoffen, überwiegend, wenn nicht auschließlich, Wasserstoffkerne sind. Welche Bedeutung dieses Ergebnis für unsere Vorstellung von der Zusammensetzung der Atomkerne hat, wird in dem folgenden Kapitel besprochen werden.

Polonium.

Alle drei Methoden zur Beobachtung der Atomzertrümmerung, welche während der letzten Jahre in Wien ausgearbeitet wurden, um die Szintillationszählungen zu ersetzen, fußen auf der Verwendung von Polonium als Strahlungsquelle. Mit Ra C oder Thorium C als Quelle für Alphateilchen erzeugt die durchdringende Gammastrahlung eine allgemeine Schwärzung der photographischen Platte, ebenso wie die Bildung eines diffusen Nebels in der Wilsonkammer. In beiden Fällen ist die Wahrnehmung der Atomtrümmerspuren unmöglich.

Auch bei der elektrisch-akustischen Methode ist das Fehlen eines starken Rauschens, wie es von durchdringender Strahlung verursacht wird, zur Beobachtung der schwachen Wirkungen der langsamen H-Strahlen besonders vorteilhaft. Nur mit Polonium als Strahlungsquelle wird ein fast schwarzer Hintergrund des Schirms erreicht, dessen Bedeutung für die Zählung lichtschwächerer Szintillationen schon hervorgehoben wurde. Dazu kommt noch, daß dieses Element wegen seines langsamen Abklingens eine Alphastrahlung liefert, welche, praktisch genommen, auch während langer Versuchsreihen unveränderlich bleibt, so daß eine Umrechnung der Beobachtungen auf konstante Präparatstärke (wie beim Ra C-Versuch) überflüssig wird. Es scheint demnach, daß die künftige Strahlungsquelle bei weiteren Atomzertrümmerungsversuchen Polonium sein wird, wenigstens in den Fällen, in denen die relativ kurze Reichweite ihrer Alphateilchen kein Hindernis bildet. Ein passender Abschluß dieser Darstellung der verschiedenen Arbeitsmethoden eines modernen alchimistischen Laboratoriums ist deshalb eine kurze Beschreibung, wie starke Poloniumpräparate von hoher Konzentration und Reinheit gewonnen werden.

Wie schon öfters erwähnt wurde, ist Polonium der letzte aktive Abkömmling der Uran-Radiumdynastie und kommt daher in der Natur überall vor wo es Radium gibt. Das erstemal wurde es auch aus demselben Mineral (Pechblende) hergestellt, aus dem Uran und Radium gewonnen werden. Diese Herstellungsmethode ist äußerst mühsam und erfordert große Mengen Rohmaterial, da das Polonium darin sehr verdünnt vorkommt und gemischt mit vielen anderen Elementen, welche die chemische Reinigung erschweren. Viel einfacher ist die Herstellung aus älteren Radiumpräparaten, in denen ein beträchtlicher Teil der Gleichgewichtsmenge von Ra D, des Poloniums langlebiger Muttersubstanz, sich gebildet hat. Man geht dabei von einer Radiumnitratlösung aus, welche unter Verwendung von Platinelektroden mit ganz schwachem Strom von einigen tausendstel Ampère auf jedem Quadratzentimeter der Elektrodenfläche elektrolysiert werden. Auf den positiven Elektroden setzt sich dabei eine rotbraune bis schwarze Schicht von Bleisuperoxyd ab, von welchem Element die Radiumpräparate oft ein wenig enthalten. Mit dieser Bleiverbindung gemischt sind sehr kleine Mengen Ra D, welches selbst ein Bleiisotop ist. Das Superoxyd von Blei und Ra D wird mit Säuren von den Elektroden entfernt und diese Lösung dann meist noch ein bis zweimal elektrolysiert, um kleine Spuren von Radium zu beseitigen. Zuletzt erhält man so eine Lösung von Radium D-haltigem Blei, aus dem man Polonium, welches durch den Zerfall dieses Stoffes über Radium E fortwährend erzeugt wird, von Zeit zu Zeit extrahieren kann. Um Polonium von Ra D zu trennen, kann man die Elektrolyse mit noch schwächerem Strom wiederholen, da sich reines Polonium auf dem negativen Pol ohne Ra D absetzt. Die Elektrolyse muß während mehrerer Tage fortgesetzt werden und ergibt eine vollkommen blanke Elektrode, aber die darauf befindliche, für das Auge nicht sichtbare Poloniummenge bringt ein Elektroskop zu schneller Entladung und einen Diamanten oder einen Szintillationsschirm im Dunkeln bei genügender Annäherung zu hellem Aufleuchten. Auf sehr kleinen Flächen, wie sie mitunter als Strahlungsquellen gebraucht werden, kann man starke Poloniumpräparate auf elektrolytischem Wege nicht konzentrieren.

Hochkonzentrierte Poloniumpräparate von großer Reinheit werden am einfachsten durch Destillation hergestellt. Zu diesem Zweck steckt man die Elektrode, auf welcher Polonium elektrolytisch abgesetzt wurde, in ein Rohr von geschmolzenem Quarz, welches an einer Stelle dünn ausgezogen ist (Fig. 55). In diesen dünnen Teil ist von der anderen Seite ein millimeterdicker Draht aus Palladium (in der Figur schwarz) derart eingeführt, daß seine Schnittfläche das feinkalibrige Quarzröhrchen ganz ausfüllt. Das poloniumhaltige Metallblech wird dann mit einer Sauerstofflamme beinahe bis auf Weißglut erhitzt, während durch das Rohr in der Richtung gegen den Palladiumdraht ein langsamer Strom von reinem Wasserstoff geleitet wird. Ein beträchtlicher Teil der Poloniummenge destilliert dann über und schlägt sich hauptsächlich auf der Endfläche des Drahtes nieder. Wahrscheinlich spielt die Bildung einer gasförmigen Verbindung zwischen Polonium und Wasserstoff bei diesem Vorgang eine gewisse Rolle.

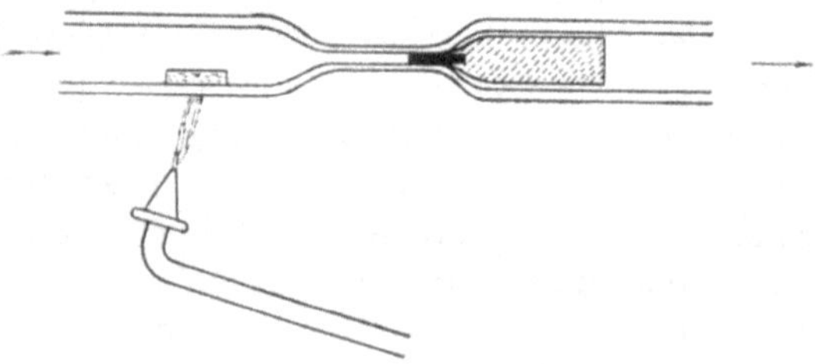

Fig. 55. Anordnung für die Destillation von Polonium.

Auf diese Weise konnte auf einer kaum einen halben Quadratmillimeter großen Schnittfläche eines dünnen Palladiumdrahtes ein Präparat konzentriert werden, welches an Stärke einem halben Milligramm Radium gleichwertig war. Von dieser beinahe punktförmigen Strahlungsquelle wird eine allseitige Strahlung von etwa 20 Millionen Alphateilchen pro Sekunde ausgesendet. Die Präparate, mit denen die Bahnspuren auf den photographischen Platten sichtbar gemacht wurden, hat man auch auf diese Weise hergestellt.

Das allerbeste Rohmaterial zur Herstellung von reinem Ra D- und Poloniumpräparaten sind die feinen Glasnadeln, die, mit Emanation gefüllt, zur Bestrahlung von Krebsgeschwüren verwendet werden. Nachdem die Emanation in diesen Nadeln abgestorben ist und sie somit für medizinische Zwecke nicht mehr brauchbar sind, werden sie zerbrochen und der aus Emanation entstandene unsichtbare Belag von Ra D, E und F auf den Innenwänden wird mit Königswasser gelöst.[1])

Um sehr starke Poloniumpräparate herzustellen, verwendet man — eine Weckeruhr! Dies geht folgendermaßen zu.

Mlle. Irène Curie hat die Bedingungen für eine Hochkonzentrierung von reinem Polonium eingehend untersucht und mit dieser Substanz als Strahlungsquelle auch sehr schöne Versuche ausgeführt. Als geeignetste Methode zur Hochkonzentrierung bezeichnet sie folgende. Eine kleine Scheibe aus reinem Silber oder Nickel wird während längerer Zeit in der auf ein äußerst geringes Volumen konzentrierten Lösung des Extraktes aus den Kapillaren langsam rotiert (aus dieser Lösung müssen vorher alle Verunreinigungen durch andere Metalle sorgfältig entfernt werden). Die einfachste Art, diese Drehung zu bewerkstelligen, besteht darin, daß man von einer Weckeruhr den Sekundenzeiger entfernt und auf deren Achse einen kurzen Glasstab befestigt, welcher die kleine, nur wenige quadratmillimetergroße Scheibe aus reinem Silber trägt. Mit dieser Anordnung nach unten gerichtet, wird die Weckeruhr an einem Stativ über einem kleinen heb- und senkbaren Tisch befestigt, auf dem ein fingerhutgroßes Gefäß aus Quarz, mit der kostbaren Poloniumlösung gefüllt, steht. Die Höhe des Tisches wird so geregelt, daß die Silberscheibe gerade eben in die Oberfläche der Lösung herabreicht. Die Uhr muß in dieser Lage einen Tag lang gehen, wobei die Silberscheibe ein paar tausendmal herumgedreht wird. Bei einem gelungenen Versuch wird dabei der größere Teil der Poloniummenge auf der Silberfläche abgesetzt. Die davon ausgehende intensive Alphastrahlung erzeugt in der Luft ringsum einen deutlichen Ozongeruch und eine schwarze Oxydschicht auf dem Silber, aber die Poloniummenge selbst ist auch in dieser hohen Konzentration kaum sichtbar. Auf dieselbe Weise wurde auch das schon erwähnte, äußerst starke Poloniumpräparat, das in Wien zur Verwendung gelangte, hergestellt.

Die Poloniummenge wird bestimmt, indem man die Intensität des elektrischen Stromes mißt, welcher die Alphastrahlung auf ihrem Wege durch die Luft in einem größeren zylindrischen oder kugelförmigen Kondensator durch die erzeugte Ionisation ermöglicht.

[1]) Durch das Entgegenkommen seitens Dr. Failla am Memorial Hospital in New York bekam der Verfasser vor einiger Zeit einige Tausende solcher feinen Glaskapillaren, aus denen dann eine größere Menge von Ra D-Polonium gewonnen wurde. Nachher sind uns auch von Krankenhäusern in London und in Kopenhagen solche Nadeln freundlichst zugestellt worden.

Die innerste Struktur der Materie.

Die Zusammensetzung der Atomkerne.

„Daß ich erkenne, was die Welt
im Innersten zusammenhält"

ist Fausts Begehren, das Ziel seines titanischen Ringens. Aber er sucht vergebens die Lösung der Rätsel im Zeichen des Weltalls, des Makrokosmos. Als er dann eine Antwort erzwingen will, indem er durch magischen Spruch den Erdgeist heraufbeschwört, ertragen seine schwachen Menschenaugen nicht den furchtbaren Anblick.

Der Materienforscher von heute wiederholt Fausts Frage, aber er richtet sie nicht an den Makrokosmos, sondern an den Mikrokosmos und die Mittel, mit deren Hilfe er die Wahrheit an den Tag zu bringen sucht, sind nicht Beschwörungen, sondern Experimente. Auch seine Augen reichen nicht aus, die Wahrheit zu schauen, er muß Instrumente benützen und außerdem mit Alphateilchen als Projektilen in den Kraftpanzer des Atomkerns eine Bresche schlagen, um die darin verborgenen innersten Geheimnisse der Materie zu ergründen.

Schon das Studium der äußeren Atomhülle, der Elektronenwolke, die den Kern nach außen hin umgibt, zeigte, daß die Spannungen, die zwischen deren verschiedenen Teilen herrschen und sie zusammenhalten, elektrischer Art sind. Das Band, welches unser Sonnensystem zusammenhält und verhütet, daß unser Planet in Kälte und Dunkel des Weltraumes verschwindet, ist die allgemeine Gravitation, für uns als Schwerkraft merkbar. Für das Atom, das Miniatursonnensystem, wird die Gravitation durch die intensiveren Kräfte des elektrischen Feldes ersetzt, und das Gesetz, welches die Bewegung dortselbst beherrscht, stammt nicht von Newton, sondern von Coulomb, es ist das elektrostatische Kraftgesetz.[1]) Die gegenseitige

[1]) Das elektrostatische Kraftgesetz, nach seinem Entdecker meist das Coulombsche Gesetz genannt, ist dem Newtonschen Gravitationsgesetz sehr ähnlich. Nach diesem ist die elektrostatische Kraft dem Quadrat des Abstandes, welcher die Ladungen trennt, umgekehrt, und dem Produkt der Ladungen direkt proportional nach der Formel $F = \frac{e_1 \cdot e_2}{r^2}$.

Anziehung der Ladungen mit entgegengesetzten Vorzeichen (Plus- und Minuselektrizität) ist es, welche die negativen Elektronen an den positiv geladenen Atomkern fesselt und sie zwingt, sich um diesen in einem ewigen Reigen zu bewegen. Aber der Atomkern selbst, wie kann wohl der zusammengesetzt sein?

Scheinbar stoßen wir hier auf einen Widerspruch. Der Kern trägt positive Ladung, welche von Element zu Element im periodischen System um eine Einheit zunimmt, von der einen Ladungseinheit des Wasserstoffkerns an bis zu den zweiundneunzig des Urankerns. Man fragt unwillkürlich, was wohl die einander abstoßenden positiven Ladungen zwingt, in dem außerordentlich kleinen Raum, den der Atomkern einnimmt, zusammenzubleiben. Einige Forscher versuchten diesen Widerspruch durch die kühne Behauptung zu erklären, daß für so kleine Abstände, wie sie hier in Frage kommen (Billionstel eines Zentimeters), das elektrostatische Kraftgesetz nicht mehr gilt. Positive elektrische Ladungen sollten, so nahe aneinandergebracht, nicht bloß aufhören, einander abzustoßen, sondern statt dessen einander anziehen, die Repulsion sollte in eine Attraktion übergehen, das elektrostatische Kraftgesetz das Vorzeichen wechseln. Andere Forscher nahmen an, daß gewaltige magnetische Kräfte, verursacht von schnellen Bewegungen der in dem Kern befindlichen elektrischen Ladungen, die verschiedenen Teile des Kerns zusammenschweißen und die Abstoßung der Plusladungen überwinden. Jene Kräfte, welche die Stabilität des Atomkerns aufrechterhalten, müßten also elektrodynamischer Art sein, ähnlich denen, welche zwischen zwei von elektrischem Strom durchflossenen Metalldrahtschlingen wirken.

Die Zusammensetzung der Atomkerne gibt jedoch Fingerzeige für eine einfachere Deutung ihrer Stabilität. Daß die Atomkerne nicht ausschließlich positive Ladungseinheiten enthalten, geht aus radioaktiven Tatsachen hervor. Die beim Zerfall unter Betastrahlung ausgeschleuderten Elektronen kommen aus dem Innern des Kerns. Dieser muß also, außer seiner nach außen merkbaren positiven Ladungen, auch Ladungseinheiten entgegengesetzten Vorzeichens enthalten, d. h. Kernelektronen.

Nun haben alle bisher ausgeführten Atomzertrümmerungsversuche gezeigt, daß die Teilchen, welche dabei losgelöst werden, Wasserstoffkerne sind. Auch Astons Versuche, das Atomgewicht der verschiedenen chemisch untrennbaren, „isotopen“ Grundstoffe mit größter Genauigkeit zu bestimmen, zeigten, daß der Wasserstoffkern als Baustein der Atomkerne anderer Grundstoffe eine wichtige Rolle spielen muß. Andererseits sind die beim radioaktiven Zerfall ausgeschleuderten Atomfragmente, die Alphateilchen, nicht Wasserstoff-, sondern Heliumkerne und man müßte deshalb eigentlich im Atomkern mit dreierlei verschiedenen Bestandteilen rechnen: mit Heliumkernen (Alphateilchen), Wasserstoffkernen (H-Teilchen) und Kernelektronen (Betateilchen).

Indessen liegt es auf der Hand anzunehmen, daß auch der Heliumkern zusammengesetzter Natur ist, und zwar daß er aus vier, mit zwei Kernelektronen verbundenen Wasserstoffkernen besteht. Die Zahl der Urbestandteile der Atomkerne und damit der Materie überhaupt, wird somit auf zwei reduziert: auf Wasserstoffkerne, auch *Protonen* genannt, und Elektronen. Da der Beitrag der Elektronen zur trägen Masse des Atoms äußerst gering ist, muß diese fast ausschließlich aus der gesamten Masse der Wasserstoffkerne bestehen. Deren Anzahl muß dann ebenso groß sein, wie die Zahl der Atomgewichtseinheiten. Das Kohlenstoffatom mit dem Atomgewicht 12 muß gerade ein Dutzend Protonen enthalten, deren gesamte elektrische Ladung natürlich + 12 Einheiten ist. Indessen hat Kohlenstoff, mit der Ordnungsnummer 6 im periodischen System, nur die Kernladung + 6. Der Kohlenstoffkern muß deshalb, außer den 12 Protonen 6 Kernelektronen enthalten, so daß die Nettoladung zur wirklich gefundenen Zahl reduziert wird. Im Sauerstoffkern mit dem Atomgewicht 16 und der Kernladung + 8 müssen 8 Kernelektronen sein. Aluminium mit dem Atomgewicht 27 und der Kernladung + 13 muß, außer seinen 27 Protonen, 14 Kernelektronen haben, woraus dann die erforderliche Nettoladung resultiert. Folgendes Schema[1]) zeigt die Zahl der Bausteine beiderlei Art, welche die Kerne der leichtesten Elemente enthalten:

	Atom-gewicht	Kern-ladung					
Wasserstoffkern	= 1	= + 1	hat	1 Proton	und	0	Kernelektronen
Heliumkern . .	= 4	= + 2	„	4 Protonen	„	2	„
Lithiumkern .	= 7	= + 3	„	7 „	„	4	„
Berylliumkern .	= 9	= + 4	„	9 „	„	5	„
Borkern . . .	= 11	= + 5	„	11 „	„	6	„
Kohlenstoffkern	= 12	= + 6	„	12 „	„	6	„
Stickstoffkern .	= 14	= + 7	„	14 „	„	7	„
Sauerstoffkern .	= 16	= + 8	„	16 „	„	8	„
Fluorkern . .	= 19	= + 9	„	19 „	„	10	„

usw.

Wie aus der Tabelle hervorgeht, findet man die Zahl der Kernelektronen einer gewissen Atomart, indem man vom Atomgewicht die

[1]) In der Tabelle wurde davon abgesehen, daß gewisse Grundstoffe zwei oder mehrere isotope Atomarten haben, Lithium hat zwei Isotope mit dem Atomgewicht 6 und 7. Da die Kernladung in beiden Fällen dieselbe ist, so hat Lithium 6 in seinen Atomen einen Baustein von beiden Arten weniger als Lithium 7, oder 6 Protonen und 3 Kernelektronen.

Kernladung abzieht; beide Werte können experimentell bestimmt werden.

Bei genauer Betrachtung der Tabelle sowie deren leicht zu bildenden Fortsetzung zeigt sich, daß bei keiner einzigen Atomart, Wasserstoff ausgenommen, das Verhältnis zwischen Elektronen und Protonen im Kern kleiner als 1:2 ist. Bei gewissen Elementen wie Helium, Kohlenstoff, Stickstoff, Sauerstoff u. a. ist das Verhältnis zwischen den beiden Arten der Kernbestandteile gerade 1:2, aber bei den meisten Elementen ist es größer und nimmt mit der Ordnungsnummer zu, so daß es bei den schwersten Atomarten das Verhältnis 3:5 erreicht.

Diese Tatsache ist von großer Bedeutung und kann nur so verstanden werden, daß eine gewisse Mindestzahl negativer Ladungen im Atomkern vorhanden sein muß, wenn dieser überhaupt stabil sein soll. Es liegt somit deutlich auf der Hand, in den Kernelektronen das Bindemittel oder den „Kitt" zu sehen, welcher die überzähligen Protonen zusammenhält und ihre gegenseitige Abstoßung daran hindert den Atomkern zu sprengen.

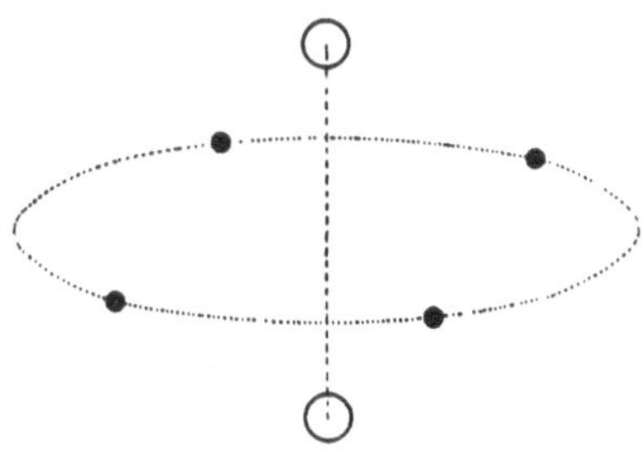

Fig. 56. Modell des Heliumkernes nach Lenz.

Wie eine solche Kittwirkung zu Stande kommen könnte, zeigte Lenz bei dem einfachsten der zusammengesetzten Atomkerne, dem Heliumkern. Fig. 56 zeigt das von Lenz hierzu vorgeschlagene Modell. Die zwei weißen Kugeln, welche an jedem Ende der vertikalen Achse des Modells liegen, sind die beiden Kernelektronen, die vier Protonen, durch schwarze Kugeln dargestellt, sind auf einem Kreis, der senkrecht auf der Achse steht, angebracht, und in schneller Rotation um diese begriffen. Bei entsprechenden Verhältnissen des Modells und der Rotationsgeschwindigkeit kann die Anziehung zwischen Protonen und Elektronen die auseinanderstrebenden Kräfte im Gleichgewicht halten, d. h. die gegenseitige Abstoßung der gleichnamigen Ladungen und die Zentrifugalkraft, welche die Protonen nach außen schleudern will. Das Modell ist also, wie man sagt, dynamisch stabil; obwohl dessen berechnetes Gleichgewicht nicht ausreicht, die enorme Festigkeit, welche den Heliumkern als Alphateilchen auszeichnet, zu erklären.

Ähnliche Kernmodelle, nach etwas anderen Prinzipien aufgebaut, wurden für die leichteren Grundstoffe von anderer Seite vorgeschlagen. Jedoch müssen Versuche, diese auf die noch mehr zusammengesetzten

Kerne der schwereren Atomarten zu verwenden, zu höchst komplizierten Modellen führen. Die ganze Anzahl von Protonen und Elektronen, welche im Innern eines Uranatomkerns vorhanden sein müssen, beträgt ja nahezu vierhundert! Nichtsdestoweniger zeigen diese Versuche zu Kernmodellen, daß die Stabilität der Atomkerne auf Grund der elektrostatischen Kraftwirkung zwischen den darin enthaltenen Ladungen wenigstens qualitativ erklärbar ist, ohne im Coulombschen Gesetz einen Wechsel des Vorzeichens annehmen oder zu hypothetischen Kernkräften elektromagnetischer Art greifen zu müssen.

Um von der Atomkernstruktur eine ausgeprägtere Vorstellung zu bekommen, ist zweifellos eine breitere Grundlage experimenteller Arbeiten nötig. Hier kann nur jene Richtung angedeutet werden, nach der es jetzt am lohnendsten erscheint, auf dieses Ziel hinzuarbeiten.

Das Kraftfeld um den Atomkern.

Wie schon früher erwähnt wurde, sind die zusammenhaltenden Kräfte im Mikrokosmos des Atoms elektrischer Natur. Das Problem der innersten Struktur der Materie ist somit aufs engste mit der Frage verknüpft, welches Gesetz man für diese Kraftwirkung als maßgebend annehmen muß, das unveränderte Coulombsche Gesetz, oder ein anderes, bei dem möglicherweise andere Kräfte als die elektrostatischen mitwirken können. Um darüber Gewißheit zu erhalten, muß die Gültigkeit des Coulombschen Gesetzes für die äußerst kleinen Abstände, welche dabei in Frage kommen, geprüft werden, d. h. in unmittelbarer Nähe des Atomkerns. Die schnellen Alphateilchen, die das Sonnensystem des Atoms kometengleich durchfliegen, mitunter das Zentrum fast erreichend, ermöglichen uns eine solche experimentelle Untersuchung.

Es ist klar, daß nur die äußerst seltene Art von Atomdurchdringung, bei der das Alphateilchen eine große Ablenkung erleidet, für dieses Problem von Bedeutung ist, denn gerade die stark abgelenkten Teilchen sind diejenigen, welche in unmittelbare Nachbarschaft des Kerns gelangen. Da die Ladung des Alphateilchens dasselbe Vorzeichen hat, wie die des Atomkerns, so muß, insofern das Coulombsche Gesetz gilt, zwischen beiden eine abstoßende Kraft wirksam sein. Im Gegensatz zum Kometen, der „gegen die Sonne fällt“ und in deren Nähe seine größte Geschwindigkeit erreicht, wird das Alphateilchen auf seinem Wege zum Atomkern von entgegengesetzt wirkenden Kräften gebremst und dieses Bremsen ist stärker, je größere Ladung der Kern besitzt. Deshalb können überhaupt nur schnelle Alphateilchen dem Atomkern ganz nahekommen, und zwar um so leichter, je kleiner seine Kernladung ist, d. h. bei Elementen mit niedriger Ordnungsnummer im periodischen System.

Es ist natürlich unmöglich, die Bahn eines Alphateilchens bis in das Innere eines Atomkerns zu verfolgen. Wird aber das Alphateilchen unterwegs aus seiner ursprünglichen Flugrichtung stark abgelenkt, so zeugt die Größe der Ablenkung von der Stärke jener Kräfte, denen das Teilchen ausgesetzt war. Um in den Atomen eines gewissen Grundstoffes das Kraftfeld des Kerns untersuchen zu können, läßt man eine große Zahl von Alphateilchen durch eine dünne Schicht des betreffenden Stoffes mit großer Geschwindigkeit hindurchfliegen. Man bestimmt durch Zählung der stark gestreuten Teilchen wie große Bruchteile von der Gesamtzahl Ablenkungen um verschieden große Winkel erlitten haben. Die Rutherford-Darwinsche Theorie über die Ablenkung der Alphateilchen ermöglicht, die bei verschieden starker Winkelabbiegung experimentell gefundene Teilchenzahl vorauszuberechnen. Stimmen die experimentell gefundenen Verhältnisse mit der Berechnung überein, so zeigt dies, daß die Voraussetzungen der Theorie gelten, d. h., daß die Kraft zwischen dem Alphateilchen und dem Atomkern längs des ganzen Weges im Atominnern dem Coulombschen, für streng punktförmige Ladungen geltenden, Gesetz unterworfen war.

Sollte sich hingegen die Zahl der Alphateilchen innerhalb einer gewissen Gruppe, d. h. für einen bestimmten Wert des Ablenkungswinkels, als verhältnismäßig kleiner erweisen, als die Theorie vorschreibt, so heißt das, daß die betreffenden Teilchen auf ihrem Wege einer unternormalen Kraft ausgesetzt waren, d. h. einer schwächeren, als das Coulombsche Gesetz angibt. Ist umgekehrt die Anzahl der Partikel innerhalb der Gruppen verhältnismäßig groß, so muß die Kraft übernormal gewesen sein, größer als nach dem Coulombschen Gesetz. In einer solchen statistischen Untersuchung der Zahl der Alphateilchen, die mit immer größeren Winkeln abgelenkt werden, liegt also die Möglichkeit, das um den Atomkern liegende Kraftfeld auf seine Stärke hin zu untersuchen. Man nähert sozusagen „die Sonde“ dem Kern immer mehr, je größer die Winkelablenkung jener Partikelgruppe ist, deren experimentell gefundene Teilchenzahl mit der theoretischen verglichen wird.

Einer der Mitarbeiter Rutherfords, Chadwick, führte die schon erwähnten Schießversuche gegen Atome verschiedener Art, auf Grund derer die Theorie aufgestellt wurde, weiter. Er erreichte dabei eine bedeutend größere Genauigkeit als bei den früheren Messungen. Durch das Zählen der schnellen Alphateilchen, welche unter bestimmten, durch die Versuchsanordnung gegebenen Winkeln während ihres Weges durch Kupfer-, Silber- oder Platinatome abgelenkt wurden, fand er eine vollkommene Bestätigung der Theorie. Außerdem konnte er die Größe der Ladungen berechnen, welche die betreffenden Atomkerne besitzen müssen, um diese Wirkung zu erklären. Das Ergebnis stimmte mit dem auf Grund ganz anderer Beobachtungen gefundenen vollkommen überein, was einen wirklichen Triumph dieser atomistischen Schießversuche bedeutet. Der kleinste Abstand zwischen einem Platinkern und einem abgelenkten Alphateilchen, der bei diesen Versuchen erreicht wurde, betrug 7 billionstel Zentimeter. Aus der guten Übereinstimmung zwischen Theorie und Experiment schloß Chadwick, daß das Coulombsche Gesetz bei so kleinen Abständen noch gelten muß.

Ein anderer Mitarbeiter Rutherfords, Bieler, unternahm ähnliche Versuche, aber sein Ziel war die Sondierung der Atome leichterer Elemente, nämlich von Magnesium und Aluminium mit den Kernladungen + 12 und + 13. Er beobachtete dabei Alphateilchen, welche noch mehr abgelenkt wurden als die Alphapartikel im Chadwickschen Versuch, nämlich bis auf etwa 90°. Für diese zeigte sich aber die Übereinstimmung zwischen der Theorie und der Messung weniger gut. Die beobachtete Anzahl der Teilchen war bedeutend kleiner, als die Theorie verlangt und die Abweichung wurde um so größer, je schnellere Teilchen angewendet wurden, also ein Beweis dafür, daß die Diskrepanz mit größerer Nähe an den Kern zunimmt. Bieler konnte die Übereinstimmung der Messung mit der Berechnung erst durch die Annahme wieder herstellen, daß in unmittelbarer Kernnähe neben der abstoßenden „Coulombschen Kraft“, eine „neue“ anziehende Kraft auftritt, die mit vermindertem Kernabstand schneller als die Coulombsche Kraft, nämlich nicht umgekehrt proportional mit dem Quadrat dieser Entfernung — wie $\frac{1}{r^2}$ —, sondern mit dessen vierter Potenz — wie $\frac{1}{r^4}$ — zunimmt. Diese „neue Kraft“ sollte deshalb in einem so kleinen Abstand vom Kern, den selbst Bielers schnellste Alphateilchen nicht mehr erreichten, größer als die Coulombsche abstoßende Kraft werden, so daß als Resultierende aus beiden Kräften eine Anziehung wirksam wird. Dieses Ergebnis stimmt anscheinend gut überein mit der Annahme, daß bei genügend kleinem Abstand das Coulombsche Gesetz selbst das Vorzeichen ändert, und in diesem Sinne wurde zunächst Bielers Ergebnis gedeutet.

Eine einfache Überlegung zeigt indessen, daß dies nicht der Fall zu sein braucht, sondern daß das Coulombsche Gesetz in unveränderter Form zu demselben Resultat führt, wenn man es nur richtig anwendet. Das Gesetz gilt strenggenommen nur für punktförmige Ladungen, d. h. solche, die im Verhältnis zum Abstande zwischen ihnen keine nennenswerte räumliche Ausdehnung besitzen. Für das Innere der Atomkerne dagegen trifft dies sicher nicht zu. Sie bestehen vielmehr aus je einem System von Ladungen, deren gegenseitige Abstände die Dimensionen des Kerns bestimmen. Nimmt also der Abstand zwischen einem sich nähernden Alphateilchen und einem Atomkern bis zur Vergleichbarkeit mit der eigenen Größe des Kerns ab, so kann dieser nicht länger als punktförmige Ladung angesehen werden. Die Kraft zwischen dem Alphateilchen und dem Atomkern muß bei so kleinem Abstand als eine Kraftsumme berechnet werden, in welcher Teilkräfte zwischen dem Teilchen und einer jeden einzelnen der Einheitsladungen innerhalb des Kerns enthalten sind. Für diese Teilkräfte könnte das Coulombsche Gesetz streng gelten, vorausgesetzt, daß die betreffenden Ladungen, die des Alphateilchens und diejenigen der einzelnen Kernbestandteile, noch als punktförmig betrachtet werden können; aber deren *Gesamtwirkung* oder Kraftsumme muß sich von der Kraft bei einem punktförmigen *Atomkern* wesentlich unterscheiden.

Noch deutlicher wird dies, wenn man in Betracht zieht, daß der Atomkern nicht nur positive Ladungen enthält (Protonen), sondern außerdem wenigstens halb so viel negative Kernelektronen. Die letzteren wirken auf die Alphateilchen entgegengesetzt wie die Protonen, nämlich anziehend und nicht abstoßend. Wenn die Elektronen innerhalb des Kerns im Stande sind sich dem anstürmenden Alphateilchen zu nähern und die Protonen von ihm wegzurücken, so werden die anziehenden Kräfte der Ersteren, wegen dieser dazukommenden Verringerung des Abstandes, an Stärke schneller zunehmen, als es dem Coulombschen Gesetz für einen punktförmigen Kern entsprechen würde, während die abstoßende Kraft der zurückweichenden Protonen langsamer zunehmen wird. Dies ist auch zu erwarten, falls man die naheliegende Annahme macht, daß die Teilladungen innerhalb des Kerns eine gewisse Bewegungsfreiheit haben. Das elektrische Feld des Alphateilchens muß dann gegenseitige Lageveränderungen unter den Einzelladungen im Kerninneren, d. h. Verschiebungen der Elektrizität bewirken; in der Elektrostatik nennt man diesen Vorgang eine elektrostatische Induktion oder eine „Polarisation" des Atomkerns. Eine etwas vereinfachte Überschlagsrechnung zeigt, daß diese „neue", durch Polarisation hervorgerufene, Zusatzkraft bei Verminderung des Abstandes viel schneller zunehmen muß als die Coulombsche Kraft, und zwar umgekehrt wie die fünfte Potenz des Abstandes, $\frac{1}{r^5}$, ein Ergebnis, welches von dem Bielerschen Befund nicht wesentlich abweicht. Aber die Berechnung zeigt auch, daß die anziehende Kraft der Kernelektronen bei einem gewissen Abstand stärker werden muß als die abstoßende Kraft der Protonen, so daß ein Alphateilchen, das bis zu dieser kritischen Zone um den Kern vordringt, *in den Kern hineingezogen wird.*

Fig. 57 zeigt ein schematisches Bild einer solchen Polarisation eines Atomkerns (der große Kreis) unter dem Einfluß eines sich nähernden Alphateilchens (der kleinere Kreis). Die Einheitsladungen des Kerns (mit plus und minus bezeichnet) sind dabei als längs des Kreisrandes sich bewegend vorgestellt, oder dreidimensional gedacht, an der Oberfläche einer dem Kern entsprechenden Kugel. Ein anderer Kreis, der exzentrisch außerhalb des ersten liegt (in der Figur gestrichelt), bezeichnet den kritischen Abstand, bei dem die Kraft-

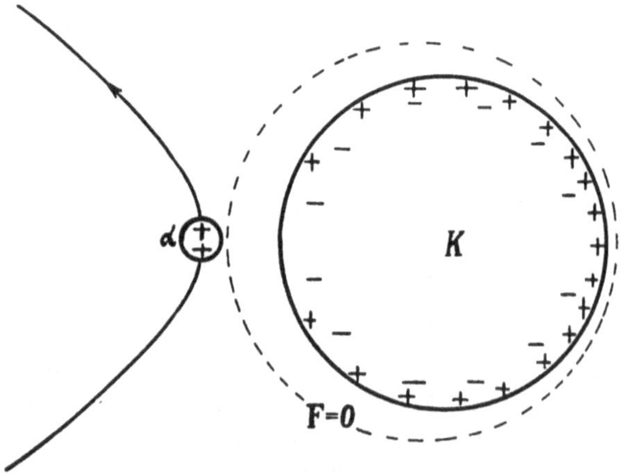

Fig. 57. Polarisierende Wirkung des annähernden Alphateilchens auf den Atomkern.

summe von Abstoßung in Anziehung übergeht. Innerhalb dieses Abstandes wird das Alphateilchen nicht mehr abgestoßen, sondern *bleibt an dem Kern hängen*; dies erklärt also die in Wien und Cambridge gemachte Beobachtung, daß das sprengende Alphateilchen von dem Kernrest nicht abprallt.

Dieses Problem, nämlich die Polarisation des Atomkerns unter dem Einfluß des sich nähernden Alphateilchens und dessen Wirkung auf das Kraftfeld, sowie die Gesetze, denen die Ablenkung des Alphateilchens bei sehr kleinem Kernabstand unterworfen ist, wurde von Debye und Hardmeier in exakterer Weise behandelt. Sie kamen zu Ergebnissen, die nicht nur qualitativ, sondern in gewissem Grade auch quantitativ mit den Cambridger Beobachtungen übereinstimmen. Kurz vorher gemachte Messungen Rutherfords und Chadwicks, bei denen der Bruchteil der Alphateilchen bestimmt wurde, die, mit verschiedener Geschwindigkeit gegen Aluminium-, Gold- und Uranatome geschleudert, zurückprallen, ergaben für das erstgenannte Metall höchst eigentümliche Resultate. Durch Berechnungen Debyes werden sie anscheinend in zufriedenstellender Weise erklärt. Zusammenfassend kann man sagen, daß sich die Idee einer Polarisationskraft als Erklärung für die scheinbaren Abweichungen vom Coulombschen Gesetz auch mit Erfolg auf die Physik des Atomkerns anwenden läßt.[1]) Umgekehrt unterstützt diese Idee natürlich sehr die Auffassung, daß der Atomkern ein zusammengesetztes System aus verschiedenen Einheitsladungen ist, die innerhalb gewisser Grenzen verschiebbar sind. Zuletzt, aber nicht zum geringsten, spricht sie auch für die Gültigkeit des elektrostatischen Kraftgesetzes, sogar bei den äußerst kleinen Abständen, wie sie innerhalb eines Atomkerns in Betracht kommen. Die Möglichkeit, daß bei sehr kleinen Abständen und auch im Kerninnern selbst außer den elektrostatischen auch elektromagnetische Kräfte mitwirken, ist in der letzten Zeit mehrmals diskutiert worden. Zwingende Gründe, derartige magnetische Kräfte als Bedingung für die Stabilität der Atomkerne anzunehmen, lassen sich aber aus den bisherigen Beobachtungen kaum herleiten.

Die Größe der Atomkerne.

Die ersten Versuche über das Abprallen der schnellen Alphateilchen vom Atomkern ermöglichten eine grobe Abschätzung seiner Dimensionen. Die Zahl der Alphateilchen, die von Gold in einem Winkel von mehr als 90° gegen ihre Einfallsrichtung zurückgeworfen werden, beträgt ungefähr eins auf zehntausend. Andererseits konnte man die Zahl der von jedem Teilchen durchbohrten Goldatome bei dem betreffenden Versuch zu ungefähr zehntausend annehmen. Daher war es klar, daß die Wahrscheinlichkeit, den *Kern* eines Goldatoms zu treffen, verglichen mit der Wahrscheinlichkeit, ein *Goldatom* zu treffen, dem Produkt dieser beiden Brüche gleichkommen, oder ungefähr eins auf hundert Millionen betragen mußte. Denkt man sich den Kern des Goldatoms als das schwarze Zentrum auf einer Zielscheibe, deren ganze Fläche der Querschnitt durch das Goldatom ist, so müssen sich die Radien des Kerns und des Atoms annäherungsweise so verhalten wie die Quadratwurzel aus den Treffwahrscheinlichkeiten, also wie 1 zur Wurzel aus hundert Millionen, d. i. 1:10000. Der Atomkern dürfte also in seiner linearen Ausdehnung etwa einem Zehntausendstel des Atoms

---

[1]) Diese zuerst vom Verfasser ausgesprochene Annahme einer Polarisation des Atomkerns ist in letzter Zeit von Rutherford angenommen und dient als Grundlage seiner neuen Theorie über die Kernstruktur der radioaktiven Atome.

gleichkommen. Da man den Radius des Goldatoms in hundertmillionstel Zentimetern angeben kann, so dürfte der Radius des Atomkerns billionstel Zentimeter betragen, d. h. er wäre ein Dezimalbruch, in dem die ersten elf Ziffern hinter dem Dezimalpunkt Nullen sind. Diese Schätzung des Kernradius ist natürlich sehr ungenau und betrifft, wie die Fachmänner sagen, eigentlich nur dessen Größenordnung. Die exakteren Versuche einer Sondierung der Atome durch Beschießung mit schnellen Alphateilchen, welche nachher in Cambridge unternommen wurden, erlaubten eine etwas genauere Abschätzung. So kann man den kleinsten Abstand von einem Atomkern, bis zu dem ein Alphateilchen vordringt, während die Ablenkung, welche dasselbe erfährt, noch mit der Rutherford-Darwinschen Theorie übereinstimmt, als eine Art obere Grenze für den Wert des Kernradius ansehen. Auf dieser Grundlage schloß Chadwick aus seinen Versuchen mit Alphateilchen, welche gegen Kerne der Kupferatome abgelenkt wurden, daß dieser Radius kleiner sein muß als 7 billionstel Zentimeter. Andererseits konnte Bieler, dessen Messungen mit der Theorie nicht übereinstimmten, zeigen, daß er bei Schießversuchen auf Kerne von Aluminium- und Magnesiumatomen deren unmittelbarste Nähe erreicht haben müßte. Er berechnete aus seinen Messungsresultaten den kritischen Abstand, bei dem die gefundene hypothetische Anziehungskraft die abstoßende Kraft überwiegen müßte, auf ungefähr ein Drittel eines billionstel Zentimeters. Diese Strecke, die nach Bieler dem Radius des Aluminiumkerns gleichkommt, überrascht durch ihre Kleinheit. Messungen des Halbmessers eines Alphateilchens, über die später gesprochen werden wird, hatten nämlich eine wesentlich höhere Zahl ergeben. Daß die Summe der Radien des Alphateilchens und des Aluminiumkerns, welche ja eigentlich dem von Bieler berechneten kritischen Abstand entspricht, kleiner anstatt größer wäre, als der Radius des Alphateilchens allein, ist ein offenbarer Widerspruch.

Die bei der Zertrümmerung des Aluminiumkerns gemachten Erfahrungen boten eine andere Möglichkeit, die Dimensionen dieses Kerns zu berechnen. Wenn man annimmt, daß nur zentrale Treffer eines Alphateilchens die Abtrennung eines H-Teilchens veranlassen, so ist die Ausbeutezahl an ausgesprengten H-Teilchen ein Maß für die Treffwahrscheinlichkeit auf einen Aluminiumkern. Während die früher gefundenen niedrigen Ausbeutezahlen an Atomtrümmern von Aluminium mit dem Bielerschen kleinen Radius des Aluminiumkerns wohl zu vereinigen sind, so ergaben die höheren Ausbeutezahlen, die Schmidt in Wien fand, wesentlich größere Kernradien. Eine exakte Berechnung auf Grund dieser ist schwer durchzuführen, da man den Aluminiumkern nicht einfach als eine Zielscheibe betrachten kann, deren Größe sich aus der experimentell gefundenen Treffwahrscheinlichkeit der Alphateilchen berechnen läßt. Man muß hingegen die Ablenkung des Alphateilchens berücksichtigen, welche dieses schon erfährt, ehe es in die allerunmittelbarste Nähe des Kerns gelangt, was seinerseits wiederum eine Bestimmung des noch nicht genügend bekannten Kraftgesetzes verlangen würde. Man kann schon aus diesem Grund nur beiläufige Ziffern angeben und nach diesen sollte der Radius des Aluminiumkerns (nach Wiener Messungen) ein bis zwei billionstel Zentimeter betragen. Jedenfalls scheint man nunmehr auch in Cambridge dazu zu neigen, dem Atomkern der leichteren Elemente größere Dimensionen zuzusprechen, als früher für wahrscheinlich gehalten wurde.

Für die schweren Atomarten Gold und Uran führten die oben besprochenen Messungen Rutherfords und Chadwicks der unter großen Winkeln abgelenkten Alphateilchen zu besonders eigentümlichen Ergebnissen. Messungen und Berechnungen stimmten innerhalb der Fehlergrenzen sogar für Alphateilchen überein, die an den Atomkern so zentral und mit solcher Geschwindigkeit angeflogen waren, daß deren kleinster Abstand auf nur 3 billionstel Zentimeter berechnet werden konnte. Für Goldatome geltend könnte man diese Ziffer noch mit Gleichmut hinnehmen, aber für das Uranatom hat das gleiche Resultat der Messungen zu einem recht schwierigen Dilemma geführt. Für das Uranatom kann man nämlich aus radioaktiven Tatsachen einen Minimalwert des Kernradius berechnen, entsprechend der Geschwindigkeit der ausgeschleuderten Alphateilchen und zwar unter der Voraussetzung, daß diese ihre ganze Geschwindigkeit während des Fluges durch das abstoßende elektrische Feld um den Kern erwerben. Da die Ladung des Kerns, 92 Einheiten, bekannt ist, braucht man nur auszurechnen, über eine wie große Kugel sie verteilt sein muß, damit der Potentialfall von der Oberfläche dieser Kugel bis zu sehr großem Abstand ausreicht, dem Alphateilchen jene Bewegungsenergie zu geben, die dessen Anfangsgeschwindigkeit entspricht. Man erhält auf diese Weise für den Kernradius eine Zahl, welche über 6 billionstel Zentimeter oder mehr als doppelt so groß ist, als die Zahl, die aus Rutherfords und Chadwicks Beschießungsversuchen hervorging. Nimmt man aber noch dazu an, daß das Alphateilchen, welches den Urankern verläßt, schon eine gewisse Bewegungsgeschwindigkeit hatte, bevor es noch durch die Wirkung des abstoßenden Feldes weggetrieben wurde, so würde man für dieses einen noch kleineren, d. h. für den Kernradius einen noch größeren Wert erhalten.

Um aus diesem Dilemma herauszukommen, nahm nun Rutherford an, daß die Atomkerne des Urans sowie die von anderen schweren

Grundstoffen aus zwei Teilen bestehen. Erstens aus einem inneren „Zentralkern“, in dem so gut wie die ganze positive Überschußladung angesammelt ist, und der deshalb Ausgangspunkt der bei Kerntreffern von Alphateilchen ablenkend wirkenden Kräfte ist. Zweitens aus einer äußeren Region, innerhalb welcher eine Anzahl Ladungen von sowohl positivem und negativem Vorzeichen vorkommen, die sich beinahe oder vollständig neutralisieren. Von diesem äußeren Teil des Kerns, dessen Radius also bedeutend größer sein kann, als der Ablenkung des Alphateilchens unter dem Einfluß des Kraftfeldes vom Zentralkern entsprechen würde, sollen die langsameren Alphateilchen der radioaktiven Elemente herstammen.

Ohne hier auf die Diskussion über die Teilung des Kerns in verschiedene Regionen näher einzugehen, kann man in dem jetzigen Stadium sagen, daß die nach den Ablenkungsversuchen berechneten Werte für den Radius des Atomkerns ein Resultat ergaben, das sowohl den Erfahrungen über den radioaktiven Zerfall, wie auch über die Atomzertrümmerung widerspricht. Bis durch weitere Versuche sichere Werte gefunden werden können, dürfte man wohl die beiläufige Zahl von ein bis zwei billionsteln Zentimetern als wahrscheinlichsten Wert für den Kernradius der leichteren Elemente annehmen, und zwischen 5 und 10 billionstel Zentimeter für die schwersten, also als wahrscheinlichste Grenzen 0,000000000001 und 0,000000000010 cm. Außerdem ist es nicht ausgeschlossen, daß der Durchmesser des Atomkerns als veränderliche Größe in Erscheinung tritt, abhängig von den Hilfsmitteln, mit denen wir sie erforschen, wie es auch bei der treffbaren Fläche der Atome, den Elektronen verschiedener Geschwindigkeit gegenüber, der Fall ist.

Bei den früheren Berechnungen wurde durchgehends davon abgesehen, daß der Abstand zwischen einem Alphateilchen und einem damit zusammenstoßenden Atomkern eigentlich die Summe des Atomkernradius und des Radius des Alphateilchens selbst ist. Letzterer wurde konsequent gleich 0 angenommen, was jedoch nicht richtig sein kann. Von der Größe des Alphateilchenhalbmessers bekommt man eine Vorstellung, wenn man die Ablenkung der Alphateilchen in Heliumgas untersucht, oder indem man Alphateilchen in Wasserstoffgas schleudert und zählt, wie viele Wasserstoffteilchen in verschiedene Richtungen ausgesendet werden. Dabei kann der Radius des Wasserstoffkerns (des Protons) mit genügender Genauigkeit als verschwindend klein angesehen werden. Letztgenannte Methode wurde zuerst von Rutherford während der Untersuchung von Kerntreffern erprobt und führte somit zur ersten Entdeckung der Atomzertrümmerung. Er verglich dabei die Zahl der geradeaus geschleuderten

H-Teilchen mit denen, die schräg zur Seite fliegen und fand, daß die ersteren weit zahlreicher sind als der Theorie entspricht, d. h. der Annahme punktförmiger Ladungen. Das Alphateilchen wirkt auf die Wasserstoffkerne, die es in Bewegung versetzt, nicht wie ein Ball, der an einen anderen stößt, sondern wie ein Schläger, der dem getroffenen Ball eine überwiegend nach vorwärts gerichtete Bewegung gibt. Ähnliche, aber genauere Versuche wurden von Rutherfords Mitarbeitern ausgeführt; sie bestimmten die Zahl der schief nach vorn gestoßenen Wasserstoffteilchen für verschiedene Winkel gegen die Flugrichtung der Alphateilchen und für verschiedene Geschwindigkeiten derselben. Die Theorie über diese Stöße entwickelte Darwin; er ging davon aus, daß die Wasserstoffkerne streng punktförmig sind und daß Abweichungen von der einfachen Theorie für derartige Stöße nur auf der Ausdehnung der Alphateilchen beruhen. Darwin konnte zeigen, daß die Wirkung der Alphateilchen auf Wasserstoffkerne am ehesten verglichen werden kann mit der eines stark abgeplatteten Ellipsoides, das sich in der Richtung der kürzeren Achse fortbewegt. Dabei müßte man sich das Coulombsche Gesetz bis an die Oberfläche der Scheibe unverändert geltend vorstellen und annehmen, daß erst von dort ab andersartige und zwar äußerst schnell zunehmende Kräfte einsetzen, ähnlich denen, die an der Oberfläche eines elastisch deformierten Körpers auftreten. Darwin fand für den Radius folgende Zahlen: in der Bewegungsrichtung 0,4, und senkrecht dazu 0,8 billionstel Zentimeter. Das Potential des elektrischen Feldes unmittelbar an der Oberfläche berechnete er auf 6 bis 7 Millionen Volt.

Die allerkleinsten Bausteine der Materie.

Nach der von den Forschern nun allgemein angenommenen Auffassung über die innerste Struktur der Materie sind seine kleinsten Bausteine Wasserstoffkerne (Protonen) und Elektronen. Letztere sind teilweise in die Kerne der Atome eingebaut (Kernelektronen) und wirken als eine Art Bindemittel für die Protonen, teilweise befinden sie sich außerhalb des Kerns, ihn planetengleich als Elektronenhülle umkreisend, von welcher Licht- und Röntgenwellen ausgesendet werden. Die Kernelektronen wieder sind nur beim radioaktiven Zerfall nach außen zu merkbar, und zwar als ausgeschleuderte Betateilchen; die dabei gleichzeitig ausgesendete Gammastrahlung wird wahrscheinlich von einer Bewegungsveränderung eines Kernelektrons oder auch eines Protons verursacht, analog zu den Erschütterungen der Elektronenhülle, welche die etwas tieferen elektromagnetischen „Töne" der Röntgenwellen hervorrufen.

Wiederholt wurde die Möglichkeit erwogen, daß die Protonen und Kernelektronen in größerem oder kleinerem Ausmaß zu subnuklearen Einheiten der Masse 2, 3 oder 4 zusammengeschlossen sind. Letztgenannte Möglichkeit würde bedeuten, daß Heliumkerne, eine Art ungeborene Alphateilchen, in dem Kern vorhanden sind, und daß der radioaktive Zerfall unter Alphastrahlung darin besteht, daß ein solches Teilchen sich bei einer entstandenen unstabilen Gruppierung der Kernbestandteile aus dem Zusammenhang löst und unter Einwirkung des äußeren abstoßenden Kraftfeldes des Kerns mit großer Geschwindigkeit weggeschleudert wird. Für die wahrscheinlichste Annahme galt, daß eine solche Gruppierung zu subnuklearen Heliumkernen in den Kernen anderer Atome weitgehendst vorhanden ist, so daß nur die wenigen überzähligen Protonen, 1, 2 oder 3 an Zahl, als freie Wasserstoffkerne innerhalb oder außerhalb des Heliumaggregats vorkommen. Seit die Atomzertrümmerungsversuche zeigten, daß auch aus reinen „Heliummultiplen" wie Kohlenstoff und Sauerstoff, Wasserstoffkerne ausgesprengt werden können, verlor diese Annahme an Wahrscheinlichkeit.

Fragt man nach den Dimensionen und Eigenschaften dieser kleinsten Einheiten, so muß die Antwort unbestimmt bleiben. Nimmt man, wie es nun allgemein üblich ist, an, daß die ganze träge Masse des Elektrons elektromagnetischer Art ist und durch die hohe Konzentration seiner elektrischen Ladung verursacht wird, so kann man diese ausrechnen. Eine Elektrizitätsmenge von dem Betrag einer Elektronenladung, d. h. ein elektrisches Elementarquantum (ungefähr ein halbes Milliardstel einer elektrostatischen Einheit[1]) würde eine ebenso große „elektromagnetische" Masse haben, wie man sie für das Elektron durch magnetische und elektrische Ablenkungsversuche mit nicht zu schnellen Elektronen gefunden hat, falls sie auf der Oberfläche einer Kugel mit dem Radius von ungefähr einem fünfbillionstel Zentimeter verteilt wäre. Läßt man eine solche sphärische Ladung sich weiter zusammenziehen bis auf den achtzehnhundertsten Teil des genannten Radius, so vergrößert sich die Masse in demselben Verhältnis, d. h. sie wird ebenso groß wie die Masse des Wasserstoffkerns. Man ist nun am ehesten geneigt zu glauben, daß dies die Erklärung für die Verschiedenheit der Masse beider Arten von Bausteinen ist, und sieht somit Elektronen und Protonen als elektrische Einheitsladungen gleichen Betrages aber ungleichen „Vorzeichens" an. Von denen ist die eine zu

[1]) Eine elektrostatische Einheit ist jene Elektrizitätsmenge, welche bei dem Abstand von 1 cm auf eine andere gleich große Elektrizitätsmenge mit der Kraft von 1 Dyn (ungefähr 1 Milligramm) einwirkt.

einer Kugel mit dem Radius von 0,0000000000002 cm und die andere zu einer Kugel mit dem Radius 0,0000000000000001 cm zusammengezogen.[1]) Aber diese Annahme ist offenbar nur rein formaler Natur und erklärt weder die „Ursache" dieser Verschiedenheit der Konzentration noch die der Verschiedenheit des Vorzeichens, welche, wie die atomistische Struktur der Elektrizität überhaupt, zu den geheimnisvollsten und am schwersten lösbaren Rätseln der Materienforschung gerechnet werden müssen. Man kann sagen, die Elektronen und Protonen sind die äußersten Fragezeichen, vor denen die Erforscher der Materie bisher noch immer haltmachen mußten. Ob sie da wirklich haltmachen?

Gerade in den letzten Jahren wurde von ganz anderer Seite ein äußerst interessanter Versuch unternommen, der zu einer neuen Auffassung der materiellen Teilchen führte, indem man sie als eine spezielle Art von Wellenbewegungserscheinung betrachtet. Diese neue „wellenmechanische" Auffassung erwies sich für mehrere schwer lösbare Probleme der theoretischen Physik so wertvoll, daß ihrer hier, wenn auch nur mit einigen Worten, gedacht werden muß. Sie führt, in Kürze gesagt, den materiellen Punkt auf eine Art Zusammenwirkung (Interferenz) zwischen fortschreitenden Wellen von sehr hoher Schwingungszahl zurück, deren gesammelte Energie im materiellen Punkt und dessen unmittelbarer Nähe angehäuft ist. Eine experimentell prüfbare Folge dieser Auffassung ist, daß Elektronen, die gegen einen Kristall geschleudert werden, sich ungefähr wie Röntgenstrahlen von kurzer Wellenlänge verhalten müssen, und durch Interferenz nach gewissen Richtungen eine größere Anzahl reflektierter Wellen, d. h. zurückgeworfene Elektronen ergeben, wofür man auch in letzter Zeit durch Versuche eine Bestätigung gefunden hat. Sind indessen Protonen und Elektronen nichts anderes als solche, durch Welleninterferenz zusammengesetzte „Energiepakete", so erscheint es auch möglich, daß sie sich unter gewissen Bedingungen auflösen können und in fortschreitende Wellenbewegungen von sehr hoher Schwingungszahl und entsprechend großer Energie übergehen können. Wir könnten darin gewissermaßen die Möglichkeit einer Verwandlung sehen, die durch „Vernichtung" der Materie materielle Teilchen in Energie überführt. Darauf soll im nächsten, abschließenden Kapitel näher eingegangen werden.

Wie es auch um die Richtigkeit dieser Vorstellungen über den

---

[1]) Denkt man sich ein Wasserstoffatom bis auf die Dimensionen des Erdballs vergrößert, so würde sein einziges Elektron mit einer Kathedrale vergleichbar werden, der Wasserstoffkern dagegen nur die Größe einer Orange erreichen.

Wellenbewegungscharakter der Elektronen und Protonen bestellt sein mag, so können wir sagen, daß schon ohne diese letzte Möglichkeit, die „kompakte“ Materie von der Forschung als eine grobe Täuschung unserer Sinne entschleiert worden ist. Die Wirklichkeit ist Atome und leerer Raum, lehrte Demokrit, die moderne Materienforschung verkündet: die Atome sind Atomkerne, Elektronen und leerer Raum, und die Atomkerne selbst bestehen aus zweierlei elektrischen Elementarladungen, nämlich Elektronen und Protonen sowie einer neuen Portion leeren Raumes, in dem diese, die allerkleinsten Einheiten, eingebettet liegen. Schließlich sind vielleicht diese elektrischen Ladungen selbst nur eine Art Wellenbewegung, ein Vibrationszustand im umgebenden Raum. Wahrhaftig, für den Erforscher der Materie wird die Wirklichkeit immer gespenstischer, je tiefer er in sie eindringt!

Die Zeugenschaft der Sterne.

Die Zusammensetzung des Sternenlichtes.

Es liegt in der menschlichen Natur, die Verwirklichung der hier auf Erden mißglückten Bestrebungen nach anderen Welten zu verlegen. Auch die Erforscher der Zusammensetzung der Materie blieben von dieser Neigung nicht ganz frei. Die Transmutation, welche durch unsere schwachen Hilfsmittel unerreichbar schien, glaubte man auf anderen Himmelskörpern verwirklicht. In den gewaltigen Schmelzöfen der Fixsterne sollten sich die Atome verwandeln, die Grundstoffe auflösen und wieder zusammensetzen.

Sobald das Licht der Sterne auf seine spektrale Zusammensetzung untersucht werden konnte, glaubte man Beweise für solche Annahmen gefunden zu haben. Einer der Begründer der Astrophysik, Norman Lockyer, beobachtete, daß einige Spektrallinien des Sonnenlichtes, welche dem Spektrum eines gewissen Grundstoffes angehören, von den übrigen für das Element charakteristischen Spektrallinien getrennt auftreten können, während dem sie bei Laboratoriumsversuchen immer nur zusammen erscheinen. Lockyer glaubte, diese Spaltung eines Elementspektrums entspräche einer Spaltung der Atome. Die in der Chromosphäre der Sonne isoliert vorkommenden H- und K-Linien von Kalzium sollten eigentlich von einem Spaltungsprodukt dieses Elements, Protokalzium genannt, ausgesendet werden.

Es gibt heute eine andere, sicher richtigere Deutung für diese und ähnliche Fälle selbständigen Auftretens von Linien oder Liniengruppen in Sonnen- oder Sternenspektren. Sie kommen von derselben Atomart, welche die für uns wohlbekannten vollständigen Spektren aussendet, aber diese Atome befinden sich in der Sonnenatmosphäre oder in der äußeren Schicht der Fixsterne unter ganz anderen Druck- und Temperaturverhältnissen, als im Laboratorium, so daß nur oder überwiegend gewisse Bewegungen der lichtaussendenden Elektronen in deren Inneren ausgelöst werden. Auf einen früheren Vergleich zurückgreifend, können wir sagen, daß in der Sternenatmosphäre gewisse Saiten des Instruments (des Atoms) allein oder vorzugsweise angeschlagen werden, die wir bei unseren Versuchen nur mit einer

Menge anderer Saiten im Akkord erklingen lassen können. Eine ähnliche Erklärung gilt für die unbekannten Linien, welche in vielen Stern- oder Nebelspektren gefunden wurden. Nur in einem Fall handelte es sich wirklich um ein auf der Erde früher unbekanntes Element, Helium, dessen charakteristische gelbe Spektrallinie zuerst von Lockyer in der Sonnenatmosphäre entdeckt wurde, nahezu 30 Jahre bevor Ramsay das Gas aus Cleveit isolierte. Dagegen konnte man in vielen Fällen solche neue Linien auf wohlbekannte Atomarten zurückführen, welche auf eine Art und Weise angeregt werden, die man im Laboratorium früher nicht nachmachen konnte.

Öfters zeigte es sich, daß solche neue Linien von einer Art Atome stammen, die um ein Elektron ärmer sind, als bei Laboratoriumsversuchen, wodurch sie in eine andere optische Tonart umgestimmt werden. Der englische Astrophysiker Eddington drückt dies so

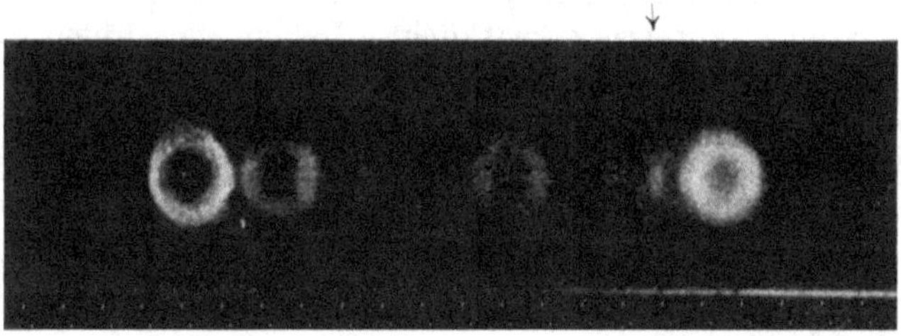

Fig. 58. Spektralphotographie des ringförmigen Nebels im Sternbild Lyra.

aus: ein Atom, welches ein Elektron weniger hat als gewöhnlich, ist wie ein guter Freund, der seinen Schnurrbart wegrasiert hat, man erkennt ihn im ersten Moment nicht. Ein berühmtes Beispiel hiefür ist die sog. Pickering-Serie von Linien, welche in einigen Spektren der heißesten Sterne vorkommt. Sie besitzt eine große Ähnlichkeit mit den wichtigsten Linienserien des Wasserstoffs und wurde deshalb diesem Element zugeschrieben. Inzwischen konnte Bohr auf Grund seiner Theorie über die Entstehung der Spektrallinien voraussagen, daß die Pickering-Serie nicht dem Wasserstoff, sondern dem Helium zugehören muß, und zwar ionisiertem Helium, dessen Atome eines ihrer beiden Elektronen verloren haben. Dies wurde von dem englischen Physiker Fowler bestätigt; bei Versuchen glückte es ihm, in reinem Heliumgas einige Linien der Pickering-Serie zu beobachten.

Fig. 58 zeigt die Photographie eines ringförmigen Nebels im Sternbild Lyra, durch ein Prisma aufgenommen, so daß nicht nur ein Ring, sondern acht sichtbar sind, von denen jeder einer gewissen Linie im Nebelspektrum entspricht. Der schwächste Ring (auf der Photographie mit einem Pfeil bezeichnet) entstammt dem Licht ionisierter Heliumatome. Da der Durchmesser kleiner ist als der der übrigen Ringe, muß das ionisierte Helium überwiegend gegen den inneren Rand des Nebels angehäuft sein. Die beiden Ringe, welche zum Teil einander decken (auf dem Bild unmittelbar rechts vom Heliumring) wurden früher einem unbekannten Element zugeschrieben, dem Nebulium. Ebenso ist der starke Ring links von einer Spektrallinie verursacht, deren Ursprung man bis jetzt nicht bestimmen konnte. Der relativ große Durchmesser von den drei letztgenannten Ringen beweist, daß die betreffenden Linien überwiegend nahe dem äußeren Rand des Nebels hervorgebracht werden. In keinem dieser Fälle dürfte es sich um ein neues Element handeln, sondern diese Linien entstammen sicherlich wohlbekannten Grundstoffen, deren Atome auf eine uns nicht vertraute Weise in Schwingung versetzt werden. Die Jagd nach neuen Elementen dürfte nun beendet sein und es lohnt sich nicht einmal nach solchen auf den kosmischen Jagdgründen zu fahnden[1]). Als ein zweites Argument für die Umwandlung der Grundstoffe in den Fixsternen wurden seinerzeit die wohlbekannten Unterschiede in den Sternenspektren angesehen, welche ihre Einteilung in mehrere Spektralklassen, Wasserstoffsterne, Heliumsterne, Kalziumsterne und anderer ermöglichte, je nach dem Grundstoff, dessen Spektrallinien im Sternenlicht vorherrschen. Die jetzt angenommene Erklärung ist ganz anders als die frühere, welche in diesen Ungleichheiten den Beweis sah für eine Entwicklung der Materie von der einen Sternenklasse zu der nächsten, bedingt von einem Zerfall der Grundstoffe in den heißesten Sternen zu Helium oder sogar zu Wasserstoff. Statt dessen verhält es sich ganz sicher so, daß die physikalischen Bedingungen in der Schicht des Sternes, dessen Licht uns erreicht, in einem Fall für die Anregung der Wasserstoffatome günstig sind, in einem andern Fall vorzugsweise die Heliumatome zum Leuchten bringen usw. Es ist natürlich nicht ausgeschlossen, daß außerdem das eine oder andere Element bei der Zusammensetzung der lichtaussendenden Schicht quantitativ eine größere Rolle spielt. Wenn man bedenkt, welch außerordentlich geringen Teil der ganzen Masse des Sterns die Schicht ausmacht, deren Licht wir beobachten, so ist es selbstverständlich, daß man

[1]) Vorausgesetzt, daß die neuerdings angekündigten Entdeckungen der Elemente Nr. 43, 61 und 75 im periodischen System bekräftigt werden, so sind nunmehr alle freien Stellen bis einschließlich Nr. 84 besetzt. Die einzigen übrigen, die noch nicht belegt sind, mit den Ordnungsnummern 85 und 87, entsprechen wahrscheinlich radioaktiven Elementen, welche nicht stabil genug sind, um in merkbaren Mengen vorkommen zu können.

aus solchen Beobachtungen über die Zusammensetzung des ganzen Sternkörpers keinen Schluß ziehen kann.

Aus ganz anderen Gründen nehmen die modernen Astrophysiker an, daß die Materie des Sterninneren tatsächlich durchgreifende Veränderungen erleidet. Diese Veränderungen scheinen in verschiedener Hinsicht noch phantastischer zu sein als jene, an welche die Verfechter der Spaltung der Grundstoffe in Prototype einst glaubten. Das immer mehr hervortretende Energieproblem beschäftigt nicht nur unsere Nationalökonomen und Politiker und erzeugt im Kampf um Öl und Steinkohle einen Konflikt der Großmächte nach dem andern. Die Rätsel der kosmischen Energieprobleme haben die Vertreter verschiedener Wissenschaften gegeneinander in Harnisch gebracht.

Transmutation oder Vernichtung der Materie?

Der gewaltige Strom von Energie, den die Sonne auf drahtlosem Wege unaufhörlich gegen den Erdball schleudert und welcher direkt oder indirekt die tiefste Ursache alles Geschehens auf unserem Planeten ist, beläuft sich auf beinahe zweihundert Billionen Kilowatt in der Sekunde, ist also mehrere Hunderte Millionen mal größer als die Produktion der Elektrizitätswerke Großberlins. Nach der allgemein angenommenen Auffassung geschieht diese Energieabgabe von der Sonnenoberfläche mit vollkommener Unparteilichkeit nach allen Richtungen in den Raum hinaus, gleichgültig, ob sich im Wege der Strahlung Planeten oder andere Himmelskörper befinden, um sie aufzunehmen, oder nicht. Da die Oberfläche unserer Erdkugel, von der Sonne gesehen, nur ein Zweimilliardstel des ganzen Raumwinkels einnimmt, so muß man die obenerwähnte Energiemenge mit zwei Milliarden multiplizieren, um den allseitigen Energieverlust der Sonne zu erhalten. Nach allem zu urteilen, hat die Sonne ihre Temperatur während sehr langer Zeit beinahe unverändert beibehalten, und deshalb muß man annehmen, daß dieser Verlust strahlender Energie von einer entsprechenden Energieproduktion ständig gedeckt worden ist.

Die bei Beginn unseres Jahrhunderts allgemein angenommene Erklärung dafür wurde von Helmholtz und Lord Kelvin gegeben, welche annahmen, daß die Energie durch eine allmähliche Zusammenziehung des Sonnenkörpers erzeugt wird, eine Art von gigantischem Wasserfall der Sonnenmasse ihrem Zentrum zu, wodurch eine dem Fall entsprechende Arbeitsmenge in Wärme umgesetzt wird. Die Berechnung zeigte, daß mit einem Energieverlust, der jetzigen Ausstrahlung der Sonne entsprechend, eine derartige Zusammenziehung während höchstens zwanzig Millionen Jahren stattgefunden haben könnte, welche Zeit also dem Alter der Sonne seit deren Geburt aus einem verdünnten Urnebel gleichkommen müßte. Allerdings müßte dann unsere Erdkugel, welche ja in einem gewissen Entwicklungsstadium der Sonne von deren Masse losgetrennt worden sein dürfte, wesentlich jünger sein.

Nun behaupten aber sowohl die Geologen als noch mehr die Biologen, daß die Zeitspannen, welche einerseits zur Entstehung und Verwandlung der verschiedenen Gesteinsarten und Ablagerungen, andererseits zur Entstehung und Entwicklung der lebenden Wesen erforderlich war, viel länger gewesen sein muß als der Zahl von Jahrmillionen entspricht, welche aus der Kontraktionshypothese hervorgeht. Ein kräftiges Argument für die Notwendigkeit einer ausgedehnteren Zeitspanne brachte auch die früher erwähnte Methode, das Alter der Gesteine nach deren Gehalt an radioaktiven Zerfallsprodukten zu bestimmen. Nach dieser Methode fand man für gewisse Gesteinsarten ein Alter von mehr als einer Milliarde von Jahren. Aber auch astronomische Tatsachen sprechen für eine ungleich viel längere kosmische Zeitskala. Die Beobachtung gewisser veränderlicher Sterne, der sogenannten „Cepheiden", welche in einer ständigen rhythmischen Pulsierung oder „Atmung" begriffen sind und bei welcher deren Rauminhalt und Lichtstärke periodenweise ab- und zunimmt, gibt infolge der auffallenden Unveränderlichkeit des Rhythmus Grund anzunehmen, daß das Alter der Sterne mit Milliarden, wenn nicht Billionen von Jahren berechnet werden muß. Als nun andererseits die Bestimmung der Lichtstärke und Masse eines solchen Cepheids zeigte, daß dieser einen Energiestrom, hundertmal stärker als unsere Sonne, aussenden kann, so wurde damit das vollkommene Fiasko der Kontraktionshypothese noch kräftiger unterstrichen.

Es müssen im Innern der Sterne ständig energieabgebende Prozesse stattfinden, die im Stande sind, während Milliarden von Jahren die ungeheuer großen Ausgaben an Licht und Wärme, welche diese Verschwender des Universums sich erlauben können, zu decken. Man denkt unwillkürlich in erster Linie an radioaktive Vorgänge, also an einen Zerfall der Grundstoffe unter Freiwerden des Energievorrates der Atomkerne. Eine Überschlagsrechnung zeigt aber, daß dies unzureichend ist, jedenfalls, wenn man sich auf die uns bekannten radioaktiven Vorgänge beschränkt. Danach müßte die Sonne seit langem mit ihren Strahlungsausgaben Bankrott gemacht haben, auch wenn sie ursprünglich zur Gänze aus Uran oder Thorium bestanden hätte, wogegen aber die uns bekannte Zusammensetzung ihrer äußeren Schichten vollkommen spricht. Es wurde auch in Erwägung gezogen, daß möglicherweise andere, uns unbekannte, Arten von Atomkernen im Sonnenkörper aufgelöst oder gebildet werden, oder auch, daß solche Verwandlungen der Grundstoffe, wie sie uns durch die Atomzertrümmerung bekannt geworden sind, im Innern der Sterne vor sich gehen — aber auch in diesem Falle ergeben sich aus Berechnungen Ziffern, die als unzureichend angesehen werden.

Die neuere Auffassung des Zusammenhanges von Materie und Energie, die in dem Vorhergehenden besprochen wurde, schreibt der Energie eine gewisse Masse zu. Sie wird in Gramm berechnet, indem man die Energie in „Erg" (wovon ungefähr 10 Milliarden auf eine Kilowattsekunde gehen) durch das Quadrat der Lichtgeschwindigkeit (in Zentimetern pro Sekunde, $c = 30000000000$) dividiert, also durch Division mit einer Neun, gefolgt von zwanzig Nullen. Das „Gewicht" eines Kilowatts Energie wird somit äußerst gering, ungefähr der hundertmillionste Teil eines Milligramms und sogar jene Energie, welche innerhalb eines Jahres von der ganzen Industrie Deutschlands verbraucht wird, wiegt nur wenige Kilogramm! Wenn man einen Körper vom Gefrierpunkt des Wassers bis auf den Siedepunkt erwärmt, so nimmt seine Masse durch die zugeführte Wärmeenergie etwas zu, aber diese Gewichtsveränderung beläuft sich nur auf eine Ziffer in der zwölften Dezimale und ist somit unmöglich experimentell festzustellen.[1])

Aber auch die Umkehrung des obenerwähnten Satzes: Energie hat Masse, wird nun allgemein anerkannt. Masse hat, oder eher, sie *ist* Energie. Was wir an einem Körper mit Hilfe der Wage als seine Masse feststellen, repräsentiert eine sozusagen latente oder „gefrorene" Energiemenge, deren Betrag in Erg durch Multiplizieren der Masse in Gramm mit der obengenannten zwanzigziffrigen Zahl, dem Quadrat der Lichtgeschwindigkeit, gefunden wird. Die Energievorräte, welche nach dieser Auffassung in gewöhnlicher Materie schlummern oder eher Materie *sind*, sind also schwindelnd groß. Nach diesen Schätzen greifen die Astrophysiker, um das Gleichgewicht im Strahlungsbudget der Sterne wiederherzustellen. Der an das Universum abgegebenen Energieleistung unserer Sonne entspricht nach Division durch den Reduktionsfaktor c^2 ein Massenverlust von nicht weniger als 4 Millionen Tonnen in der Sekunde oder 120 Billionen Tonnen im Jahr. Trotz seiner überwältigenden Größe stellt diese Zahl nicht mehr als den fünfzehnbillionsten Teil der ganzen Sonnenmasse dar!

[1]) Nur bei dem radioaktiven Zerfall von beispielsweise einem Curie Radiumemanation ist der Energieverlust so groß, daß die entsprechende Gewichtsveränderung mit Hilfe einer hochempfindlichen Mikrowage nachgewiesen werden könnte. Diese wird auf einige Millionstel eines Milligramms berechnet, was, abgesehen von speziellen Schwierigkeiten technischer Art, innerhalb der Grenze des Wägbaren liegt.

Die Verwandlung von Masse in Energie kann man sich auf zwei wesentlich verschiedene Arten vorstellen. Wie wir gesehen haben, denkt man sich den Heliumkern aus vier Wasserstoffkernen aufgebaut, durch die Klebwirkung von zwei Kernelektronen zusammengehalten. Da das elektrisch neutrale Heliumatom außerdem zwei äußere Elektronen besitzt, so entspricht es vier vollständigen Wasserstoffatomen und man sollte erwarten, daß dessen Masse gerade viermal größer als diejenige des Wasserstoffatoms ist. Das ist jedoch nicht der Fall. Das Atomgewicht des Wasserstoffs ist größer als 1 oder 1,008 (das Atomgewicht des Sauerstoffs wie gewöhnlich gleich 16,000 angenommen). Das Atomgewicht von Helium ist hingegen genau 4,000 anstatt $4 \times 1{,}008 = 4{,}032$. Das Heliumatom ist infolgedessen um ein dreißigstel Atomgewichtseinheit leichter als vier Wasserstoffatome; denkt man sich das Heliumatom aus vier Wasserstoffatomen aufgebaut, so muß dieser Vorgang mit einem Verlust an Masse verbunden sein. Man hält diesen Massenverlust für real, entsprechend einer bei der Bildung des Heliums aus Wasserstoff freiwerdenden Energiemenge, die „Bildungswärme" des Heliums. Rechnet man die Energieentwicklung für 4 g in Helium verwandeltes Wasserstoffgas in Erg aus, so erhält man ein Dreißigstel des zwanzigziffrigen Umrechnungsfaktors, oder in der gewöhnlichen Wärmeeinheit ausgedrückt, ungefähr 700 Milliarden Grammkalorien. Das ist beinahe 5 Millionen mal mehr, als dieselbe Menge Wasserstoff an Verbrennungswärme liefert, wenn sie sich bei der Explosion des Knallgases mit Sauerstoff zu Wasser verbindet!

Findet nach diesem Schema in den Sternen eine Umbildung von Wasserstoff in Helium statt, so entspricht dieser eine Energieproduktion, welche wohl bei der Berechnung der Energiebilanz der Strahlung berücksichtigt werden darf. Man kann sich natürlich den Aufbau aus Wasserstoff bis zur Bildung der komplizierteren Atomkerne der schwereren Grundstoffe noch weiter fortgesetzt denken. Aber da deren Atomgewichte in der überwiegenden Zahl der Fälle wenig, wenn überhaupt, von einem Vielfachen des Atomgewichts von Helium plus 1, 2 oder 3 Wasserstoffeinheiten abweichen, so ist es klar, daß man auf diese Weise keine nennenswerte Weiterverwandlung von Masse in Energie erhält als die, welche der Heliumsynthese allein entspricht. Dieser Bruchteil, ein dreißigstel Atomgewichtseinheit auf 4 Wasserstoffatome oder etwas weniger als $1^0/_0$ der ganzen Masse, gilt als beiläufiger Grenzwert für die energiegebende Veränderung der Masse, die einer Elementsynthese aus Wasserstoff entsprechen würde.

Einige der Astrophysiker begnügen sich mit dieser Möglichkeit, die Energieabgabe bei der Strahlung durch die Transmutationswärme zu decken. Unsere Sonne sollte auf diese Weise während 10 Milliarden von Jahren im Stande gewesen sein, eine Strahlung, gleich der jetzigen, abzugeben. Den noch ärgeren Verschwendern unter den Sternen, wie der erwähnte Cepheide, wird aber somit ein Alter zugemessen, welches nach kosmischem Maßstab nicht sehr imponiert.

Ein anderer Vertreter der theoretischen Astrophysik, der schon zitierte Cambridger Eddington, ist anspruchsvoller und meint, daß mehrere Gründe für eine zehn- bis hundertmal längere Zeitdauer sprechen. Nicht einmal die Transmutation kann nach seiner Meinung das Universum vor dem Bankrott bewahren. Außer-

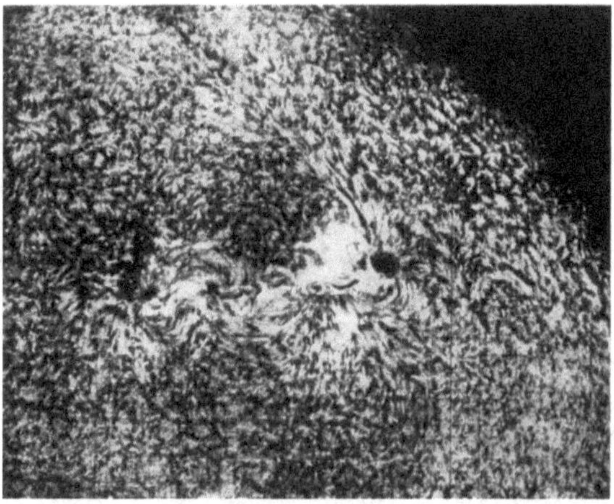

Fig. 59. Photographie der Sonnenoberfläche im Licht der roten Wasserstofflinie.

dem sprechen andere Gründe für eine radikalere Lösung des Problems. Eine Elementsynthese aus Wasserstoff in dem hier vorausgesetzten Umfang würde beinhalten, daß die Sterne zu einem beträchtlichen Teil aus diesem Element bestehen und daß auch alternde Sterne, wie unsere Sonne, in ihrem Inneren große Vorräte an Wasserstoffgas bergen. Aber diese Annahme ist mit den Tatsachen kaum vereinbar. Die Sonnenatmosphäre enthält zwar, besonders in den höheren Schichten, merkliche Mengen Wasserstoffgas, wie aus Figur 59 zu ersehen ist. Diese zeigt uns eine Photographie eines Teiles der Sonnenoberfläche, bei welcher ausschließlich das Licht einer der Spektrallinien des Wasserstoffs wirksam war. Infolge der geringen Dichte dieses Elementes wäre aber ein vollständiges Überwiegen des Wasserstoffs in der Atmosphäre der Sonne zu erwarten, wenn deren ganze Masse zu so relativ großem Teil aus diesem Element bestünde, wie die Verfechter der Transmutationshypothese annehmen müssen. Dazu kommt ein anderer Umstand, welchem Eddington eine große Bedeutung beimißt. Schwerwiegende Gründe sprechen dafür, daß alle Sterne während ihrer Entwicklung, von den aus sehr verdünnter Materie bestehenden Nebelsternen an über weißglühende Riesensterne bis zu gelben und roten Zwergsternen, allmählich an Masse abnehmen. Die aus anderen Gründen als jung angesehenen Sterne haben durchgehends größere Masse als jene, von denen man annimmt, daß sie eine lange Entwicklung hinter sich haben. Einige Tatsachen sprechen sogar dafür, daß die Sterne mit einer ziemlich genau bestimmten Masse geboren werden und daß einer gewissen Entwicklungsphase eine annähernd gleiche Masse entspricht, so daß gleich alte Sterne nahezu gleich schwer sind. Da der Unterschied zwischen den jungen und alten Sternen den Massenverhältnissen von 10 zu 1 oder noch mehr entspricht, so kann dies nur bedeuten, daß ein Stern während seiner Entwicklung seine Masse bis auf einen Bruchteil der ursprünglichen verringert.

Nach Eddington wird dies so gedeutet, daß der Verlust an Masse der ausgestrahlten Energie entspricht. Die Sterne können ihre Energieverluste ständig durch eine fortwährende *Verwandlung von Materie in strahlende Wärme* decken, und zwar in viel größerem Ausmaße, als die Transmutationshypothese annimmt. Im Inneren der Sterne geht die Umwandlung der Masseneinheiten in Energieeinheiten viel radikaler vor sich als bei einer Heliumsynthese, es ist nicht ein ursprünglicher Vorrat an Wasserstoff, welcher in eine Schlacke aus anderen energieärmeren Elementen verwandelt wird, sondern die Masse wird allmählich zur Gänze verbrannt; die Lösung des Problems heißt nicht Transmutation, sondern Vernichtung der Materie.

Diese Erklärung erscheint vielleicht abschreckend und erregt seitens der Physiker viele Bedenken. Eines von diesen beruht auf den Resultaten der von Eddington u. a. ausgeführten Berechnungen über die Temperaturen im Innern der Sterne. Diese Berechnung fußt auf der Annahme, daß zwischen den Gravitationskräften, welche bestrebt sind, den Stern zusammenzupressen und dem Gasdrucke plus Strahlungsdruck, welche sein Volumen vergrößern wollen, Gleichgewicht herrscht. Die Berechnung ergab eine Temperatur für das Innere des Sterns von ungefähr 40 Millionen Grade. Auffallend ist, daß man für fast alle älteren Sterne, einschließlich unsere Sonne, für die eine derartige Berechnung durchführbar war, dieselbe Innentemperatur fand, unabhängig von ihrer Strahlungsintensität. Es scheint, wie Eddington betont, als ob die Materie im Innern der Sterne, auf diese Temperatur erhitzt, die Fähigkeit bekäme, sich in einem beliebigen Tempo in Energie zu verwandeln, den Energieabgaben des Sterns entsprechend: „als ob die Energie bei 40 000 000° aus der Materie strömen könnte, ungefähr wie Dampf aus Wasser bei 100°!" Nun ist diese an und für sich ansehnliche Temperatur im Vergleich zur Temperatur, welche der Geschwindigkeit der Alphateilchen entspricht, sehr niedrig. Wie wir sahen, ist diese ja gleichwertig mit der Geschwindigkeit der Moleküle in einem auf 60 Milliarden Grade erhitzten Heliumgas. Die einzige erzwungene Elementarverwandlung, welche wir bisher feststellen konnten, erfolgt bei dem Auftreffen der Alphateilchen auf andere Atome. Daß die Atomkerne durch so schwache Stöße verwundbar sein sollten, wie sie unter Atomen, oder besser Ionen, bei armseligen 40 000 000° vorkommen, ist wohl unwahrscheinlich und würde bedeuten, daß wir bei der Atomzertrümmerung bisher ganz unnötig gewaltsame Mittel angewendet haben. Diese Möglichkeit ist jedoch nicht zu leugnen und hat seine Ursache darin, daß unsere bisherigen Beobachtungsmethoden sich nur für die Wahrnehmung äußerst schnell bewegter Atomtrümmer eignen, deren Entstehung eine entsprechende Schnelligkeit der zertrümmernden Geschosse erfordern. Wenn dem so ist, wäre die Atomzertrümmerung mit viel einfacheren Mitteln ausführbar, z. B. mit schnellen Kanalstrahlen.

Diesen erwarteten Einwand seitens des skeptischen Physikers, daß die berechnete Temperatur des Sterninneren für eine Elementverwandlung nicht hoch genug sei, entgegnet Eddington im voraus mit der scherzhaften Ermahnung an den Zweifler, sich dann eine heißere Stelle zu suchen: „to go to a hotter place!"

Die Materie im Innern der Sterne.

Eddington gibt aber auch als Stütze für seine obenerwähnte Auffassung einen sachlicheren Beweis an, nämlich, daß im Innern der Sterne die Materie sich in einem ganz anderen Zustand befinden muß als dem uns von Laboratoriumsversuchen wohlbekannten. Die gewaltige Wucht, mit welcher die Atome aneinanderprallen und noch mehr die Intensität der Strahlung, welche sie von allen Seiten durchströmt, muß eine Ionisation hervorrufen, welche alles, was wir kennen, bei weitem übertrifft. Man muß annehmen, daß die Atome im Innern der Sterne nicht wie im elektrischen Entladungsrohr ein, zwei oder eine jedenfalls geringe Anzahl Elektronen verloren haben, sondern daß sie ihrer äußeren Elektronenhülle beinahe ganz entkleidet werden, so daß die Atomkerne der leichteren Elemente ganz entblößt auftreten, während die der schweren Grundstoffe höchstens ein oder zwei der allerinnersten Elektronenhüllen behalten. Die zahlreichen, abgelösten Elektronen bewegen sich wie selbständige Einheiten, wodurch die durchschnittliche Masse der hin und her fliegenden Teilchen, d. h. das Molekülgewicht des Sterngases, unabhängig davon, welche Grundstoffe es enthält, sehr stark herabgesetzt ist und etwa zwischen dem von Helium und Wasserstoffgas liegt, d. h. auf 2—4 Einheiten. Infolge dieser extremen Ionisation müssen die Atomkerne in gewissem Grade gegen äußere Angriffe ungeschützt sein. Verglichen mit seiner sonstigen Größe bei gewöhnlicher Temperatur, wenn das vollzählige System von Planetelektronen den Kern umgibt, ist das ultraionisierte Atom auf ein Hundertstel oder weniger verkleinert.

Durch Untersuchungen über den berühmt gewordenen Siriusbegleiter, einem Stern neunter Größe, dessen Beobachtung nur mittels Teleskop möglich ist und durch die blendende Lichtflut seines Kameraden Sirius noch erschwert wird, erhielt diese Folgerung aus den Anschauungen über das Sterninnere eine überraschende Bestätigung.

Berechnungen der Masse und Größe des Sterns, nach anerkannten Methoden ausgeführt, ergaben das unerwartete Resultat, daß der Stern innerhalb eines Volumens nicht viel größer als das der Erdkugel, eine Masse gleich der unserer Sonne enthalten muß und dementsprechend eine Dichte besitzt, sechzigtausendmal größer als die des Wassers. Der Siriusbegleiter enthält mit anderen Worten Materie in einer uns vollständig unbekannten Form, mehrere tausendmal dichter als Platin. Man erinnert sich dabei unwillkürlich an die Gedankenexperimente Lenards mit den zusammengepreßten Dynamiden (vergleiche Seite 30).

Dieses Resultat wurde später durch die Messung des sogenannten Einsteineffektes beim Licht des Siriusbegleiters bekräftigt, welche von dem amerikanischen Astronomen Adams ausgeführt wurde. Er maß die Verstimmung der Spektrallinien dieses Sterns zu langsamerem Schwingungstempo, die sogenannte „Rotverschiebung", welche durch den Einfluß der Gravitation hervorgerufen wird. Als Resultat fand man wirklich einen außerordentlich hohen Wert (dreißigmal größer als den für unsere Sonne geltenden), welcher wiederum einer Dichte von über 50000 entspricht.

Man mag sich diesem Resultat gegenüber, das vom Gesichtspunkt der jetzt geltenden Atomlehre gewiß nichts Absurdes enthält, noch so skeptisch verhalten, so muß man doch zugeben, daß die Atome im Sterninnern infolge der hohen Temperatur, verbunden mit der dort herrschenden starken Ionisation und den wahrscheinlich sehr hohen Drucken, ohne Zweifel zu größerer Dichte zusammengepreßt werden können, als es mit irdischen Mitteln möglich ist.

Größere Dichte bedeutet größere Wahrscheinlichkeit für Zusammenstöße zwischen den Atomkernen, ebenso wie zwischen jenen und den Elektronen. Die einfachste Vorstellung, welche man sich gegenwärtig über die Vernichtung der Materie bilden kann, ist, daß diese durch einen ungewöhnlich geraden Stoß zwischen einem schnellen Elektron und einem Wasserstoffkern hervorgerufen wird. Ob letzterer selbst frei beweglich ist oder als Bestandteil eines größeren Komplexes von Protonen und Elektronen vorkommt, ist von sekundärer Bedeutung.

Es muß wohl nicht besonders hervorgehoben werden, daß der hier ausgesprochene Gedankengang sehr hypothetisch ist und daß man klug daran tut, Folgerungen auf Grund von Beobachtungen der von uns mehrere Lichtjahre weit entfernten Sterne mit einer gewissen Skepsis zu betrachten. Aber das Rätsel des Energiehaushaltes im Universum und sein Jahrmillionen währender Bestand, der trotz unaufhörlicher Verschwendung von strahlender Energie nicht zu allgemeinem Verlöschen führt, bleibt noch immer ungelöst, wenn man von der Transmutation und Materienvernichtung als energieerzeugenden Prozessen absieht.

Allerdings könnte man gegen Eddington einwenden, daß er das Problem allzu einseitig energetisch aufgefaßt hat. Die Verteilung der Materie auf eine gewisse Anzahl Grundstoffe, welche in der Natur in höchst verschiedenen Mengenverhältnissen vorkommen, muß entweder einem Schöpfungsakt zugeschrieben werden, bei dem alles „nach Maß und Zahl“ entstand, oder auch einer wirklichen Entwicklung der Materie unter physischen Verhältnissen, bei welchen die Elemente aufgelöst und zusammengesetzt werden.

Das Innere der Fixsterne als eine Art Schmelzöfen anzusehen, in denen die Urmaterie in jene Formen, d. h. Atomarten gegossen wird, die wir kennen, scheint die einzige diskutable Erklärung für die Entstehung der Grundstoffe zu sein. Hiezu ist es aber notwendig anzunehmen, daß in diesen Schmelzöfen nicht nur die Atome ionisiert werden und ihre Elektronenhüllen verlieren, sondern daß auch die Atomkerne einen ähnlichen Auflösungsprozeß durchmachen, so daß zwischen ihnen ein Austausch von Protonen und Kernelektronen stattfinden kann. Dabei müßte man annehmen, daß jene Strukturen, welche die größte Stabilität besitzen, vorzugsweise beibehalten werden und daß diese deshalb in den Endprodukten am häufigsten vorkommen. Also eine Art „survival of the fittest“ in der Atomwelt, zu einer Verteilung der Materie auf gewöhnliche, d. h. stabilere und seltene, d. h. weniger stabile Grundstoffe führend.

Man kann sich vorstellen, daß die Materie vernichtet wird, indem die Protonen und Elektronen in seltenen Fällen so nahe aneinanderkommen, daß sie zusammenschmelzen und sich ihre elektrischen Ladungen gegenseitig ausgleichen, währenddem die „Energiepakete", welche sie darstellen, sich auflösen und, in elektromagnetische Strahlung verwandelt, in das Universum hinauswandern. Dieser Prozeß mag wohl neben der Elementverwandlung vor sich gehen, aber der Physiker muß auch den letzterwähnten Vorgang in der Kosmogonie des Astrophysikers berücksichtigt sehen, will er sich mit jener zufrieden geben. Sollten sich die Berechnungen der Temperatur des Inneren der Fixsterne wirklich als zu niedrig erweisen, um mit der erforderlichen Ionisation der Atomkerne, die zu einer allgemeinen Verwandlung der Materie führt, in Zusammenhang gebracht zu werden — ja dann müssen die Physiker Eddingtons Rat ernst nehmen und „go to a hotter place", wo auch immer dieser sich befinden mag!

* * *

Der Weg des Forschers, welchen ich dem Leser hiermit gezeigt habe, führt vom Laboratorium des Alchimisten bis nach demjenigen des Astrophysikers, Milliarden von Erdradien entfernt von dem Stäubchen im Weltraum, welches wir bewohnen. Die erwähnten Hypothesen mögen wohl phantastisch erscheinen und das Beobachtungsmaterial, worauf sie fußen, ist bis jetzt noch wenig umfassend. Aber während der letzten Jahrzehnte mußten sich die Forscher daran gewöhnen, manche Hypothese bei der Diskussion zuzulassen, welche von der vorigen Generation der Wissenschaftler wie ein loser Einfall abgefertigt worden wäre.

Jedenfalls ist es rätlich, bei der Aufstellung von Theorien, welche die Elementverwandlung betreffen, vorsichtig zu sein und unter allen Umständen das Experiment als das Ausschlaggebende zu betrachten. Aber die Erfahrung zeigt schon, daß gerade auf diesem Gebiet dem allzu Kleingläubigen große Überraschungen bereitet werden können.

Es ist keineswegs unwahrscheinlich, daß die Astrophysik der Atomforschung Richtlinien geben kann, so daß das Rätsel des Mikrokosmos letzten Endes doch im Zeichen des Makrokosmos gelöst wird. Und so wird vielleicht das Licht, welches einmal die innersten Geheimnisse der Materie und der Elementverwandlung erhellt, das schwache Schimmern der fernsten Sterne sein.

Wien, im August 1927.

Figurenverzeichnis.

Sachverzeichnis.

(Siehe auch Inhaltsverzeichnis.)

Lehrbuch der Physik. Von EDUARD RIECKE, weiland Geh. Regierungsrat, o. Professor an der Universität Göttingen. Zu eigenem Studium und zum Gebrauche bei Vorlesungen herausgegeben von ERNST LECHER †, Vorstand des I. Physikalischen Instituts der Universität Wien, und Professor Dr. ADOLF SMEKAL, o. Assistent am II. Physikalischen Institut der Universität Wien. Siebente, verbesserte und um eine Darstellung der Atomphysik vermehrte Auflage. Groß-Oktav.

I. Band: Mechanik und Akustik. Wärme. Optik. Mit 458 Figuren im Text. XVI, 656 Seiten. 1923. 12.60, geb. 14.—

II. Band: Magnetismus und Elektrizität. Atomphysik. Mit 1 Bildnis von E. LECHER † und 319 Figuren im Text. XVI, 725 Seiten. 1928. 15.—, geb. 17.—

Zum Selbststudium für Anfänger und Studierende.

Lehrbuch der Physik. Nach Vorlesungen an der Technischen Hochschule in München. Von H. EBERT, weiland Professor an der Technischen Hochschule in München. Groß-Oktav.

I. Band: Mechanik. Wärmelehre. Mit 168 Abbildungen im Text. Zweite, unveränderte Auflage. XX, 661 Seiten. Anastatischer Nachdruck 1920. Geb. 21.50

II. Band, I. Teil: Die elektrischen Energieformen. Fertiggestellt und herausgegeben von C. HEINKE, o. Professor an der Technischen Hochschule in München. Mit 341 Abbildungen im Text. XX, 687 Seiten. 1920. 22.—, geb. 24.—

II. Band, II. Teil: Die strahlende Energie. Unter Mitwirkung von Privatdozent Dr. VON ANGERER, Professor Dr. W. KOSSEL, Professor Dr. EMDEN und Geheimrat Professor Dr. SOMMERFELD fertiggestellt und herausgegeben von C. HEINKE, o. Professor an der Technischen Hochschule in München. Mit 196 Abbildungen im Text. XII, 416 Seiten. 1923. 15.—, geb. 16.50

Ein instruktives Lehrbuch zum Gebrauch bei Vorlesungen und experimentellen Versuchen.

Die Physik. Von Dr. LEO GRAETZ, o. ö. Professor der Physik an der Universität München. Mit 395 teils farbigen Abbildungen im Text und 12 farbigen und schwarzen Tafeln. Zweite, verbesserte und vermehrte Auflage. Royal-Oktav. XII, 582 Seiten. 1923. 10.—, geb. 12.50

Eine grundlegende Einführung in die Welt der modernen Physik für Anfänger, Dozenten und gebildete Laien.

Einführung in die theoretische Physik. Von Dr. CLEMENS SCHAEFER, o. Professor an der Universität Breslau. Groß-Oktav.

I. Band: Mechanik materieller Punkte. Mechanik starrer Körper und Mechanik der Kontinua (Elastizität und Hydrodynamik). Mit 272 Figuren im Text. Dritte, verbesserte und vermehrte Auflage. ca. XII, 925 Seiten. 1929. Im Druck.

II. Band, I. Teil: Theorie der Wärme, Molekularkinetische Theorie der Materie. Mit 71 Figuren im Text. X, 562 Seiten. 1921. 15.—, geb. 17.—

II. Band, II. Teil: Elektrodynamik. In Vorbereitung.

Für Studierende und Dozenten beim Universitätsunterricht.

Einführung in die theoretische Physik mit besonderer Berücksichtigung ihrer modernen Probleme. Von Dr. phil. ARTHUR HAAS, a. o. Professor an der Universität Wien. Dritte und vierte, völlig umgearbeitete und vermehrte Auflage. Groß-Oktav.

I. Band. Mit 58 Abbildungen im Text. X, 307 Seiten. 1923. 7.50, geb. 9.—

II. Band. Mit 72 Abbildungen im Text und auf 2 Tafeln. VIII, 379 Seiten. 1924. 8.50, geb. 10.—

Eine ausgezeichnete Vorbereitung für jeden Physiker — Neuling oder Kenner — zum Studium schwierigerer Werke.

Theoretische Physik. Von Dr. GUSTAV JÄGER, Prof. an der Universität Wien.
I. Mechanik und Akustik. Mit 24 Figuren.
II. Licht und Wärme. Mit 47 Figuren.
III. Elektrizität und Magnetismus. Mit 33 Figuren.
IV. Elektromagnetische Lichttheorie und Elektronik. Mit 17 Figuren.
(Sammlung Göschen Bd. 76—78, 374.) Jeder Band geb. 1.50

Eine Anleitung für Schüler höherer Lehranstalten, Studenten, Besucher von Fachschulen u. a.

Kompendium der theoretischen Physik. Von WOLDEMAR VOIGT, o. ö. Professor der Physik an der Universität Göttingen. Groß-Oktav.
I. Band: Mechanik starrer und nichtstarrer Körper. Wärmelehre. X, 610 Seiten. 1895. 10.—
II. Band: Elektrizität und Magnetismus. Optik. XIV, 810 Seiten. 1896. 12.—

Ein Repetitorium für Studierende und ein Taschenbuch für praktische Physiker.

Vektoranalysis in ihren Grundzügen und wichtigen physikalischen Anwendungen. Von Dr. phil. ARTHUR HAAS, a. o. Professor an der Universität Wien. Mit 37 Abbildungen im Text. Groß-Oktav. VI, 149 Seiten. 1922. 4.—, geb. 5.—

In gemeinverständlicher Darstellung werden die Grundzüge der Vektor- und Tensoranalyse erörtert.

Vektoranalysis. Von Dr. SIEGFRIED VALENTINER, Professor für Physik an der Bergakademie Clausthal. Mit 16 Figuren. (Sammlung Göschen Bd. 354.) Geb. 1.50

Ein zur Studie und Praxis wichtiges Hilfsmittel zur Lösung technischer Aufgaben.

Atomtheorie in elementarer Darstellung. Von Dr. phil. ARTHUR HAAS, a. o. Professor an der Universität Wien. Mit 56 Figuren im Text und auf 2 Tafeln. Groß-Oktav. VIII, 204 Seiten. 1924. 5.40, geb. 6.80

Eine Einführung nicht nur für Physiker und Chemiker, sondern für jeden Gebildeten, der sich einen Überblick über die Grundideen und Ergebnisse der Atomtheorie verschaffen will.

Die Welt der Atome. Zehn gemeinverständliche Vorträge. Von ARTHUR HAAS, Dr. phil., a. o. Professor für Physik an der Universität Wien. Mit 37 Figuren im Text und auf 3 Tafeln. Oktav. XII, 130 Seiten. 1926. 4.80, geb. 6.—

Eine Zusammenfassung der wichtigsten Gedankengänge der Atomtheorie in populärer Darstellung.

Die Grundlagen der Physik. Synthetische Prinzipien der mathematischen Naturphilosophie. Von Dr. HUGO DINGLER, a. o. Professor an der Universität München. Zweite Auflage. Oktav. XIV, 336 Seiten. 1923. 4.—, geb. 5.—

Das Werk gibt einen vollständigen Einblick in die mathematische Naturwissenschaft. Alle brennenden Fragen werden behandelt, viele heißumstrittene Probleme gelöst.

Physik und Hypothese. Versuch einer induktiven Wissenschaftslehre nebst einer kritischen Analyse der Fundamente der Relativitätstheorie. Von Dr. HUGO DINGLER, a. o. Professor an der Universität München. Oktav. XI, 200 Seiten. 1921. 3.—, geb. 4.—

Das Naturbild der neuen Physik. Von Dr. phil. ARTHUR HAAS, a. o. Professor an der Universität Wien. Zweite Auflage. Mit 6 Figuren im Text. Oktav. V, 160 Seiten. 1924. 5.—, geb. 6.—

Eine auch dem Laien verständliche Zusammenfassung der wichtigsten Gedankengänge der Physik.

Wörterbuch der Physik. Von Dr. FELIX AUERBACH, a. o. Professor an der Universität Jena. Mit 267 Figuren. Oktav. X, 466 Seiten. 1920. Geb. 4.50

Ein unentbehrliches Nachschlagewerk für Physiker, Chemiker, Mediziner, Techniker.

Experimentalphysik. Von Professor ROBERT LANG, Rektor des Realgymnasiums in Stuttgart.
I. Mechanik der festen, flüssigen und gasigen Körper. Mit 125 Figuren im Text.
II. Wellenlehre und Akustik. Mit 69 Figuren im Text.
III. Wärmelehre. Mit 55 Figuren im Text.
IV. Optik. Mit vielen Figuren im Text.
(Sammlung Göschen Bd. 611—614.) Jeder Band geb. 1.50

Ein Unterrichtswerk für Schüler höherer Lehranstalten, technische Fachschüler, Studierende und Lehrer.

Physikalische Formelsammlung. Von G. MAHLER †, Professor der Mathematik und Physik am Gymnasium in Ulm, und Professor K. MAHLER, Studienrat an der Oberrealschule Aalen in Württemberg. Mit 71 Figuren. (Sammlung Göschen Bd. 136.) Geb. 1.50

Das Buch gibt fertige Resultate und ermöglicht einen raschen Überblick über die einzelnen Teilgebiete der Physik.

Physikalische Aufgabensammlung. Von G. MAHLER †, Professor der Mathematik und Physik am Gymnasium in Ulm, und Professor K. MAHLER, Studienrat an der Oberrealschule Aalen. Mit den Resultaten. (Sammlung Göschen Bd. 243.) Geb. 1.50

Zum Selbststudium für den Anfänger und zum Gebrauch in der Ingenieurpraxis.

Physikalische Tabellen. Von Dr. A. LEICK. Neubearbeitet von Professor Dr. W. LEICK in Berlin-Lichterfelde. (Sammlung Göschen Bd. 650.) Geb. 1.50

Ein wertvolles Orientierungsmittel für Lehrer und Studierende.

Physikalische Messungsmethoden. Von Professor Dr. WILHELM BAHRDT in Berlin-Lichterfelde. Mit 54 Figuren. (Sammlung Göschen Bd. 301.) Geb. 1.50

Eine Anleitung zu interessanten Versuchen, die vor allem bei Schülerübungen wertvolle Dienste leisten wird.

Radioaktivität. Von Dr. P. LUDEWIG, Professor an der Bergakademie in Freiberg in Sachsen. Mit 37 Abbild. (Sammlung Göschen Bd. 317.) Geb. 1.50

Die klare Darstellung wird es auch dem Mediziner und Naturhistoriker ermöglichen, sich über die physikalischen Grundtatsachen der Radioaktivität zu unterrichten.

Luftelektrizität. Von Dr. KARL KÄHLER, wissenschaftlicher Hilfsarbeiter am Preußischen Meteorologisch-Magnetischen Observatorium in Potsdam. Mit 19 Abbildungen. (Sammlung Göschen Bd. 649.) Geb. 1.50

Eine vollständige, auch für den Laien gut lesbare Darstellung.

Röntgenstrahlen. (Physik, Technik und Anwendung.) Von Dr. phil. nat. RICHARD HERZ in Frankfurt a. M. Mit 48 Figuren im Text und 36 Abbildungen auf 16 Tafeln. (Sammlung Göschen Bd. 950.) Geb. 1.50

Für Studierende, Ärzte und Laboranten ein wertvolles Orientierungsmittel.

Röntgenspektroskopie und Kristallstrukturanalyse. Von Dr. ARTHUR SCHLEEDE und Dr. ERICH SCHNEIDER. Zwei Bände. Groß-Oktav. Erster Band. Mit 249 Figuren und 56 Tabellen im Text. VIII, 336 Seiten. 1929. 18.50, geb. 20.—
(Zweiter Band im Druck)

Das vorliegende Werk behandelt — auf einem Minimum an Voraussetzungen aufbauend — Theorie und Praxis der Röntgenspektroskopie und Kristallstrukturanalyse. Zur Beherrschung dieser Methoden ist jedoch eine so große Zahl verschiedenartigster Kenntnisse und Fertigkeiten (Röntgenstrahlen, Hochspannung, Vakuum, Atomtheorie usw.) erforderlich, daß es denen, die sie auf irgendein Spezialproblem anwenden wollen, zur gründlichen Einarbeitung zumeist an Zeit gebricht. Hier greift das vorliegende Werk von SCHLEEDE und SCHNEIDER ein, das den Gegenstand nach der praktischen und theoretischen Seite erschöpfend behandelt.

Physische Geographie. Von Dr. GEORG GREIM, o. Professor an der Technischen Hochschule in München. (Sammlung Göschen Bd. 26.) Geb. 1.50

In außerordentlich übersichtlicher Darstellung enthält der Band alles über das Gebiet Wissenswerte.

Erdmagnetismus, Erdstrom und Polarlicht. Von Prof. Dr. A. NIPPOLDT, Mitglied des Preuß. Meteorolog. Instituts (Magnetisches Observatorium zu Potsdam). Mit 7 Tafeln und 18 Figuren. (Sammlung Göschen Bd. 175.) Geb. 1.50

Die beste und kürzeste Einführung in das Studium des Erdmagnetismus.

Die Physik der Verbrennungserscheinungen. Von Dr. HEINRICH MACHE, o. ö. Professor an der Technischen Hochschule in Wien. Mit 43 Abbildungen im Text und auf 2 Tafeln. Groß-Oktav. V, 133 Seiten. 1918. 3.—, geb. 3.80

Ein Werk, das über den Kreis der Fachingenieure hinaus, jedem naturwissenschaftlich Interessierten nützlich sein wird.

Einführung in die Theorie der Wärme. Von Dr. HEINRICH MACHE, o. ö. Professor an der Technischen Hochschule in Wien. Mit 96 Textfiguren. Groß-Oktav. VIII, 319 Seiten. 1921. 8.—, geb. 9.—

Ein Lehrbuch für den Studierenden und ein wichtiges Hilfsmittel für den praktisch arbeitenden Ingenieur.

Vorlesungen über Thermodynamik. Von Dr. MAX PLANCK, o. Professor an der Universität Berlin. Achte Auflage. Mit 5 Figuren im Text. Groß-Oktav. XII, 287 Seiten. 1927. Geb. 11.50
Das Werk ist von fundamentaler Bedeutung zum Studium der Thermodynamik.

Die Grundgleichungen der Mechanik, dargestellt auf Grund der geschichtlichen Entwicklung. Vorlesungen zur Einführung in die theoretische Physik, gehalten im Sommersemester 1914 an der Universität Leipzig. Von Dr. phil. ARTHUR HAAS, a. o. Professor an der Universität Wien. Mit 45 Abbildungen im Text. Groß-Oktav. VI, 216 Seiten. 1914. 7.50
Zum Selbststudium für Anfänger und zum Gebrauch bei Vorlesungen.

Die Prinzipe der Dynamik. Von Dr. CLEMENS SCHAEFER, o. Professor an der Universität Marburg. Mit 6 Figuren im Text. Groß-Oktav. IV, 76 Seiten. 1919. 2.50
Ein Lehr- und Nachschlagebuch für jeden Physiker.

Geschichte der Physik. Von A. KISTNER, Professor am Gymnasium zu Karlsruhe i. B.
I. Die Physik bis Newton. Mit 13 Figuren.
II. Die Physik von Newton bis zur Gegenwart. Mit 3 Figuren.
(Sammlung Göschen Bd. 293, 294.) Jeder Band geb. 1.50

Kristallographie. Von Prof. Dr. W. BRUHNS. Neubearbeitet von Prof. Dr. P. RAMDOHR. Mit 184 Figuren. (Sammlung Göschen Bd. 210.) Geb. 1.50
Das Buch empfiehlt sich durch seine instruktive Darstellungsweise besonders zum Selbststudium.

Einführung in die Kristalloptik. Von Dr. EBERH. BUCHWALD, Privatdozent an der Universität Breslau. Mit 124 Abbildungen. (Sammlung Göschen Bd. 619.) Geb. 1.50
Zur allgemeinen Orientierung für Studierende und Praktiker.

Lehrbuch der Chemie. Zu eigenem Studium und zum Gebrauch bei Vorlesungen. Von MAX TRAUTZ, e. a. o. Professor für physikalische Chemie und Elektrochemie an der Universität Heidelberg. Groß-Oktav.
I. Band: Stoffe. Mit zahlreichen Abbildungen im Text und auf Tafeln und mit Tabellen. XXVIII, 534 Seiten. 1922. 16.—, geb. 17.50
II. Band: Zustände. Mit zahlreichen Abbildungen im Text und auf Tafeln und mit Tabellen. XXXIV, 637 Seiten. 1922. 20.—, geb. 22.—
III. (Schluß-) Band: Umwandlungen. Mit zahlreichen Abbildungen im Text und auf Tafeln und mit Tabellen. XLVI, 1054 Seiten. 1924. 40.—, geb. 42.50
Band I—III in Ganzleinen (nur komplett) geb. 84.—, für Studenten 60.—
Ein streng wissenschaftlicher, zuverlässiger Führer für Anfänger und Vorgeschrittene.

Lehrbuch der organischen Chemie. Von VICTOR MEYER und PAUL JACOBSON. Zweite Auflage. Groß-Oktav.

I. Band: Allgemeiner Teil. Verbindungen der Fettreihe. Neu bearbeitet von P. JACOBSON und R. STELZNER.

I. Teil: Allgemeiner Teil. — Die aliphatischen Kohlenwasserstoffe und ihre einwertigen Abkömmlinge. Mit Figuren im Text. Unveränderter Neudruck. XVI, 1060 Seiten. 1922. 26.80, geb. 32.—

II. Teil: Die mehrwertigen Abkömmlinge der aliphatischen Kohlenwasserstoffe. — Cyanverbindungen und Kohlensäurederivate. Mit Figuren im Text und einer beigehefteten Tabelle. Unveränderter Neudruck. XXIV, 1522 Seiten. 1923. 38.80, geb. 44.—

II. Band: Cyclische Verbindungen — Naturstoffe.

I. Teil: Einkernige isocyclische Verbindungen. Die Gruppe der hydroaromatischen Verbindungen ist in Gemeinschaft mit P. JACOBSON bearbeitet von CARL HARRIES. Unveränderter Neudruck. XX, 1076 Seiten. 1923. 34.30, geb. 39.—

II. Teil: Mehrkernige Benzolderivate. In Gemeinschaft mit P. JACOBSON bearbeitet von ARNOLD REISSERT, a. o. Professor an der Universität Marburg. Unveränderter Neudruck. XIV, 664 Seiten. 1923. 17.—, geb. 20.—

Lehrbuch der organischen Chemie. *(Fortsetzung)*

III. Teil: Heterocyclische Verbindungen. Bearbeitet von P. JACOBSON. Mit Figuren im Text. Erste und zweite Auflage. Unveränderter Neudruck. XXI, 1034 Seiten. 1923. 41.40, geb. 47.—

IV. Teil: Naturstoffe von unbekannter oder nur teilweise erforschter Struktur. Bearbeitet von P. JACOBSON. Im Auftrage der Deutschen Chemischen Gesellschaft aus dem Nachlaß herausgegeben von HEDWIG KUH und FRIEDRICH RICHTER. Erste u. zweite Auflage. VI, 270 Seiten. 1924. 11.—, geb. 14.—

V. Teil: Glykoside. Im Satz.

Ein Standardwerk der Chemie, unentbehrlich für jeden Chemiker.

Lehrbuch der organischen Chemie für Studierende an Universitäten und technischen Hochschulen. Von Dr. A. F. HOLLEMAN, Ll. D., D. Sc., F. R. S. E., Vizepräsident der Königlichen Akademie der Wissenschaften Amsterdam. Mit 74 Figuren. Achtzehnte, verbesserte Auflage. Groß-Oktav. X, 518 Seiten. 1927. In Halbleder 20.—

Ein Handbuch für Studierende und Lehrer.

Chemie. Organischer Teil. Von Dr. JOS. KLEIN in Mannheim. (Sammlung Göschen Bd. 38.) Geb. 1.50

Die knappe Darstellung macht den Band besonders wertvoll für den praktischen Chemiker.

Einfache Versuche auf dem Gebiete der organischen Chemie. Eine Anleitung für Studierende, Lehrer an höheren Schulen und Seminaren, sowie zum Selbstunterricht. Von A. F. HOLLEMAN, Ll. D., D. Sc., F. R. S. E., Vizepräsident der Königlichen Akademie der Wissenschaften zu Amsterdam. Dritte, verbesserte Auflage. Oktav. X, 92 Seiten. 1924. Geb. 2.80

Die Praxis des organischen Chemikers. Von Dr. LUDWIG GATTERMANN, weiland Geh. Hofrat, Professor an der Universität Freiburg. Einundzwanzigste Auflage, bearbeitet von Dr. HEINRICH WIELAND, o. Professor an der Universität München. Mit 53 Abbildungen im Text. Oktav. XII, 397 Seiten. 1928. Geb. 15.—

Ein Handbuch zum dauernden Gebrauch in jedem Laboratorium.

Lehrbuch der anorganischen Chemie für Studierende an Universitäten und technischen Hochschulen. Von Dr. A. F. HOLLEMAN, Ll. D., D. Sc., F. R. S. E., Vizepräsident der Königlichen Akademie der Wissenschaften zu Amsterdam. Mit 77 Figuren und einer Spektraltafel. Neunzehnte, verbesserte Auflage. Oktav. XII, 493 Seiten. 1927. In Halbleder 20.—

Die Reichhaltigkeit des in geschickter Auswahl gebotenen Lehrstoffes und die übrigen didaktischen Vorzüge des zuverlässigen Buches machen es zu einem Unterrichtswerk ersten Ranges.

Chemie. Anorganischer Teil. Von Dr. JOS. KLEIN in Mannheim. (Sammlung Göschen Bd. 37.) Geb. 1.50

Eine leicht faßliche, übersichtliche Einführung für Anfänger.

Praktikum des anorganischen Chemikers. Von EMIL KNOEVENAGEL, Professor an der Universität Heidelberg. Mit zahlreichen Figuren, 4 Tabellen und 9 Tafeln. Dritte Auflage. Groß-Oktav. XXVIII, 386 Seiten. 1920. Geb. 12.80

Zum Gebrauch beim Unterricht für Studierende, Lehrer und Laboranten.

Einführung in die anorganische Experimentalchemie. Von OTTO DIELS, o. Professor an der Universität Kiel. Mit 145 Abbildungen im Text. Groß-Oktav. XXII, 446 Seiten. 1922. 9.—, geb. 10.50

Für Studierende und Dozenten ein Hilfsmittel bei Übungen.

Handbuch der Arbeitsmethoden in der anorganischen Chemie. Unter Mitwirkung namhafter Gelehrter des In- und Auslandes herausgegeben von Professor Dr. ARTHUR STÄHLER. Fortgeführt von ERICH TIEDE und FRIEDRICH RICHTER. Lexikon-Oktav.

I. Band: Allgemeiner Teil. Das anorganisch-chemische Laboratorium und seine Ausstattung. Mechanische Operationen. Mit 1064 Abbildungen. XII, 788 Seiten. 1913. 40.—, geb. 44.—

Handbuch der Arbeitsmethoden in der anorganischen Chemie. *(Fortsetzung)*

II. Band: Physikalische und chemische Operationen.

1. Hälfte: Physikalische Operationen allgemeiner Art. Mit 390 Abbildungen. 654 Seiten. 1919. 32.—, geb. 36.—

2. Hälfte: Physikalische und chemische Operationen besonderer Art. Mit 624 Abbildungen. X, Seiten 655—1648. 1925. 54.—, geb. 58.—

III. Band: Allgemeiner Teil. Physikochemische Bestimmungen.

1. Hälfte: Mit 354 Abbildungen. X, Seiten 1—692. 1913. 36.—, geb. 40.—

2. Hälfte: Mit 347 Abbildungen und 1 Tafel. VIII, Seiten 693—1557. 1914. 44.—, geb. 48.—

IV. Band: Spezieller Teil. Geb. 34.—

1. Hälfte: Mit 116 Abbildungen. 314 Seiten. 1916. 16.—

2. Hälfte: Ausgewählte Kapitel der präparativen Chemie. Mit 62 Abbildungen. X, Seiten 315—572. 1926. 14.50

Zum ständigen Gebrauch für den, vor allem in der Praxis stehenden, Chemiker und Praktiker.

Experimentelle Einführung in die unorganische Chemie. Von HEINRICH BILTZ, o. Professor an der Universität Breslau. Mit 15 Figuren. Fünfzehnte bis siebzehnte Auflage. Groß-Oktav. VI, 130 Seiten. 1928. Geb. 4.80

Ein Unterrichtswerk als Hilfsmittel bei Vorlesungen für Studierende und Dozenten.

Chemische Versuche auf dem Gebiete der anorganischen Chemie. Von Dr. J. K. KÖNIG. Oktav. VI, 64 Seiten. 1921. 1.20

Ein Nachschlagewerk zum Gebrauch bei experimentellen Versuchen.

Anleitung zur Darstellung chemischer anorganischer Präparate für Chemiker und Pharmazeuten. Von REINHART BLOCHMANN, a. o. Professor an der Universität Königsberg. Mit zahlreichen Figuren. Dritte, unveränderte Auflage. Oktav. VIII, 96 Seiten. 1921. Geb. 3.30

Zum Selbststudium und zu Unterrichtszwecken bei Laboratoriumsübungen.

Analytische Chemie. Von Dr. JOHANNES HOPPE in München. I: Reaktionen. II: Gang der qualitativen Analyse. (Sammlung Göschen Bd. 247, 248.) Jeder Band geb. 1.50

Kurz gefaßte, leicht faßliche Gesamtübersicht für Studierende, Lehrer und praktische Chemiker.

Qualitative Analyse unorganischer Substanzen. Von HEINRICH BILTZ, o. Professor an der Universität Breslau. Mit 8 Figuren. Elfte und zwölfte Auflage. Groß-Oktav. IV, 64 Seiten. 1928. Geb. 3.50

Eine grundlegende Einführung für Anfänger.

Chemie der anorganischen Komplexverbindungen. Ein Grundriß für Studierende. Von Dr. ROBERT SCHWARZ, a. o. Professor an der Universität Freiburg i. Br. Oktav. VI, 71 Seiten. 1920. 2.50

Ein Buch, das nicht nur für Studierende, sondern vor allem auch für Praktiker bestimmt ist.

Komplexchemie. Einführung in die Chemie der komplexen Verbindungen. Von Prof. Dr. L. DEDE in Gießen. Mit 5 Figuren. (Sammlung Göschen Bd. 981.) Geb. 1.50

Ein Vorbereitungsbuch für den Chemiker, Mineralogen und Geologen.

Erläuterungen zum Gebrauch organischer Reagentien in der anorganischen Analyse. Von Dr. MARTIN MÜLLER, Assistent am Laboratorium für angewandte Chemie der Universität Leipzig. Groß-Oktav. VI, 55 Seiten. 1920. 1.20

Ausgezeichnet als Hilfsmittel bei Übungen und als Vorbereitungsbuch.

Die ätherischen Öle nach ihren chemischen Bestandteilen unter Berücksichtigung der geschichtlichen Entwicklung. Von Professor Dr. FRIEDR. WILH. SEMMLER. Vier Bände. Royal-Oktav. In Halbleder 190.—

I. Band: Allgemeiner Teil: Methanderivate. XVI, 860 Seiten. 1906.

II. Band: Hydriert-cyclische Verbindungen. Kohlenwasserstoffe. VIII, 612 Seiten. 1906.

III. Band: Sauerstoffhaltige Verbindungen der hydriert-cyclischen Reihe. XII, 824 Seiten. 1906.

IV. Band: Benzolderivate und heterocyclische Verbindungen. VIII, 490 Seiten. 1907.

Allgemeine und physikalische Chemie. Von Prof. Dr. HUGO KAUFFMANN. Mit 12 Figuren. (Sammlung Göschen Bd. 71, 698.) Jeder Band geb. 1.50
Eine gemeinverständliche Einführung in das Gesamtgebiet.

Elektrochemie und ihre physikalisch-chemischen Grundlagen. Von Dr. HEINR. DANNEEL.
I. Elektrochemie. Mit 19 Figuren.
II. Experimentelle Elektrochemie, Meßmethoden, Leitfähigkeit, Lösungen. Mit 26 Figuren und mehreren Tabellen.
III. Energie. Mit 18 Figuren und mehreren Tabellen.
IV. Elektrolyse. Mit 41 Figuren und mehreren Tabellen.
(Sammlung Göschen Bd. 252, 253, 941, 980.) Jeder Band geb. 1.50

Die Metalle und ihre Verbindungen. Von Prof. Dr. I. KOPPEL.
I. Alkalimetalle, Erdalkalimetalle, Magnesiumgruppe. Mit 8 Figuren.
II. Kupfergruppe, Aluminiumgruppe, Titangruppe, Bleigruppe. Mit 1 Figur.
III. Vanadiumgruppe, Chromgruppe, Mangan, Eisengruppe, Platingruppe. Mit 5 Figuren. (Sammlung Göschen Bd. 812—814.) Jeder Band geb. 1.50
Ein Nachschlage- und Taschenbuch für Theorie und Praxis.

Die Nichtmetalle und ihre Verbindungen. Von Prof. Dr. A. BENRATH.
I. Bor, Kohlenstoff, Silicium, Stickstoff. Mit 9 Figuren.
II. Wasserstoff, Sauerstoff, Halogene, Edelgase. Mit 24 Figuren.
(Sammlung Göschen Bd. 211, 212.) Jeder Band geb. 1.50

Geschichte der Chemie. Von Dr. HUGO BAUER, a. o. Professor an der Technischen Hochschule Stuttgart.
I. Von den ältesten Zeiten bis Lavoisier.
II. Von Lavoisier bis zur Gegenwart.
(Sammlung Göschen Bd. 264, 265.) Jeder Band geb. 1.50

Geschichte der Chemie von den ältesten Zeiten bis zur Gegenwart. Zugleich Einführung in das Studium der Chemie. Von Dr. ERNST VON MEYER, Geheimer Hofrat, o. Professor der Chemie an der Technischen Hochschule in Dresden. Vierte, verbesserte und vermehrte Auflage. Groß-Oktav. XIV, 616 Seiten. 1914. Geb. 22.—

Chemische Grundbegriffe. Von Dr. ALFRED BENRATH, a. o. Professor an der Universität Bonn. (Sammlung Göschen Bd. 804.) Geb. 1.50
Zur ersten Einführung und raschen Orientierung.

Logarithmische Rechentafeln für Chemiker, Pharmazeuten, Mediziner und Physiker. Begründet von Professor Dr. F. W. KÜSTER. Für den Gebrauch im Unterrichtslaboratorium und in der Praxis berechnet und mit Erläuterungen versehen. Nach dem gegenwärtigen Stande der Forschung bearbeitet von Dr. A. THIEL, o. ö. Professor der physikalischen Chemie an der Universität Marburg. Mit 1 Tafel. Dreißigste bis vierunddreißigste, verbesserte und vermehrte Auflage. Oktav. 148 Seiten. 1925. Geb. 6.—
Die neue Auflage der allseits bekannten Küsterschen Logarithmischen Tafeln erscheint wie üblich nach dem neuesten Stande der Forschung. Sie stellen für den Chemiker ein ungern entbehrtes Werkzeug dar, das sich in seiner bewährten Anordnung des Stoffes zu einem nützlichen und notwendigen Hilfsbuch entwickelt hat.

Chemisches Praktikum für Anfänger. Mit Berücksichtigung der Technologie. Von Dr. ARTHUR BINZ, Honorarprofessor an der Universität Berlin, Direktor des Chemischen Instituts der Landwirtschaftlichen Hochschule Berlin. Zweite, völlig umgearbeitete Auflage. Groß-Oktav. VII, 94 Seiten. 1926. Geb. 5.—
In dem vorliegenden Praktikum werden die wissenschaftlichen Grundlagen der anorganischen Chemie mit den technologischen vereinigt. Das Experimentelle ist so einfach gehalten, daß die Ausführung auch dem Anfänger keine Schwierigkeiten bietet.

Kurzes chemisches Praktikum für Mediziner und Landwirte. Von FRITZ ARNDT, o. Professor an der Universität Breslau. Siebente bis neunte Auflage. Groß-Oktav. VIII, 96 Seiten. 1926. Geb. 4.30
Ein vor allem für den Praktiker äußerst wertvoller Leitfaden.